正大综艺 动物来啦

先有鸡还是先有蛋

《正大综艺·动物来啦》节目组／组编

宋晓津　李磊白　朱德华／改编

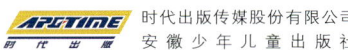

时代出版传媒股份有限公司
安徽少年儿童出版社

图书在版编目（CIP）数据

正大综艺·动物来啦. 先有鸡还是先有蛋 /《正大综艺·动物来啦》节目组组编；宋晓津，李磊白，朱德华改编. — 合肥：安徽少年儿童出版社，2024.10
ISBN 978-7-5707-1739-2

Ⅰ. ①正… Ⅱ. ①正… ②宋… ③李… ④朱… Ⅲ. ①动物 – 儿童读物 Ⅳ. ①Q95-49

中国国家版本馆CIP数据核字（2024）第048457号

ZHENGDAZONGYI DONGWU LAILA XIAN YOU JI HAISHI XIAN YOU DAN

正大综艺·动物来啦·先有鸡还是先有蛋

《正大综艺·动物来啦》节目组/组编
宋晓津　李磊白　朱德华/改编

出版人：李玲玲	策划编辑：唐　悦	责任编辑：方　军　邵雅芸
责任校对：张姗姗	美术编辑：唐　悦	内文摄影图：壹图网　视觉中国　等
内文插画：冯　文	印　　制：朱一之	

出版发行：安徽少年儿童出版社　　E-mail:ahse1984@163.com
新浪官方微博：http://weibo.com/ahsecbs
（安徽省合肥市翡翠路1118号出版传媒广场　　邮政编码：230071）
出版部电话：（0551）63533536（办公室）　63533533（传真）
（如发现印装质量问题，影响阅读，请与本社出版部联系调换）

印　　制：安徽新华印刷股份有限公司		
开　　本：787 mm × 1092 mm　　1/16	印张：8.75	字数：108千字
版　　次：2024年10月第1版	2024年10月第1次印刷	

ISBN 978-7-5707-1739-2　　　　　　　　　　　　　　　　　　　　定价：40.00元

版权所有，侵权必究

本书编委会

总策划：贺亚莉　过　彤
执行主编：卢小波　林　锋　王雪纯　李知知
编　　委：郑　敏　张　琳　秦　峰　白秋立　黄宇霏　历文娟

关爱生命，是最正大无私的奉献

爱是 Love，爱是 Amor，爱是 Rarc

爱是爱心，爱是 Love

爱是人类最美丽的语言

爱是正大无私的奉献

这首伴随我们成长的歌曲，令我们回想起 20 世纪 90 年代初开播的中央广播电视总台综艺节目——《正大综艺》！更让我难以想象的是，我竟然为这一节目前前后后工作了近 5 年！如今，呈现在广大读者面前的这套书——《正大综艺·动物来啦》，正是过去近 5 年来，该节目制作内容的科普总结。

2017 年仲夏，著名主持人、节目制作人暨《正大综艺》节目负责人王雪纯老师来国家动物博物馆找我。彼时，她正在制作另外一档大型科学实验节目——《加油！向未来（第二季）》（以下简称《加油》）。原本，她主要谈及将一些动物请到《加油》节目里充当"演员"，也给"科学实验"增添动物元素，但是我始终担心，如果把动物引入节目现场，以操作实验的形式展示给观众似乎不妥，毕竟它们是生命，很难像机械那般随意操控。

王雪纯老师甚为谦逊，非常认同我的观点，她特别想做一些关于动物的科普节目，当即表达了希望未来可以合作动物科普节目的愿望。老实讲，我当时就是那么一听，以为她也就是这么一说而已。

殊不知，过了一两个月，王雪纯老师带着团队主创人员再次亲临国家动物博物馆，盛情地邀请我作为她的新节目《正大综艺·动物来啦》的常驻嘉宾，我简直不敢相信自己的耳朵。我竟然有机会成为我小时候观看的电视节目的嘉宾！

就这样，经过一段时间的筹备，2017年12月14日，我和北京动物园饲养管理员杨毅兄一同成为《正大综艺·动物来啦》节目的嘉宾，来到北京市丰台体育中心摄影大棚，与主持人高博老师及几组家庭一道，正式开始录制该节目。一直到2022年4月节目停播，《正大综艺·动物来啦》前后录制了近200期。后来，《正大综艺》改版为聚焦全国首批乡村旅游重点镇的推介节目，我仍然有幸继续担任嘉宾；直到今天，我还会偶尔去节目中"嗨"上一把！

毫无疑问，《正大综艺·动物来啦》丛书是该节目的"顺产儿"——电视节目配图书出版，这似乎是中央广播电视总台的传统。我小时候就买过《动物世界》一书，王雪纯老师还出版过《加油！向未来》丛书。书中最精彩的内容，通常便是节目中最精彩的内容。这得益于王雪纯老师坚强而直接的领导，以及制片人、总导演、导演、主持人、竞猜选手的共同努力！

既然是科学节目，既然是科普读物，那么，它的科学性必将是第一位的！在科学性、趣味性甚至收视率面前，王雪纯老师依然是一位坚定的科学主义者；她从来没有为了收视率而妥协、折中，放弃与科学相关的元素及一切有科学价值的东西。这一点，我着实钦佩她！

首先，我和杨毅兄都认为拍摄中国本土动物是首要任务，宣传介绍中国土生土长的野生动物是节目的首选！这一点，王雪纯老师对所有导演都反复强调，竭力提升每一位导演的思想意识。

其次，关于动物名称的规范——中文名和拉丁文学名之使用，很多科普节目、科普读物都不太在意这个动物叫什么，也不爱使用学名：细尾獴被称作狐獴，狨和狖（xū）被笼统地叫作狨或柽（chēng）柳猴、绢毛猴，鵎鵼（tuǒ kōng）习惯性地被称为巨嘴鸟……但正是我和杨毅兄的坚持，才使整个节目组都非常认真地与我们确定了动物的名称、叫法。尽管有的时候我们也认为没必要那么苛刻，但既然决定按照传统的、规范的、专业的来，那么无论是科学顾问，还是制片人、导演，都会把科学性、专业性放在第一位！王雪纯老师再一次强有力地支持了我们，她常对导演们说："这些问题要听专家的！"这充分体现了王雪纯老师对我们的尊重，也令我们对她倍加敬重！

再次，王雪纯老师对我们反复强调，《正大综艺·动物来啦》就是希望改变观众或读者一贯的错误思维、荒谬认知，她甚至说："不要总是你以为的就是你以为的。"事实上，我们每个人都不能想当然，做节目、做书都是这样，要摆事实、讲道理，更要拿出科学数据或科学证据来证实或证伪。总之，做科学节目或做科普读物，都要有科学精神——实事求是，决不人云亦云。所以，《正大综艺·动物来啦》甚至成为"辟谣"节目，匡正错谬，以正视听！不过，《正大综艺·动物来啦》毕竟是一档综艺节目，所以，趣味性非常重要且不可或缺！不仅是导演们选择的动物要有趣，而且要深度挖掘动物及其与饲养员之间的故事。有说相声功底的杨毅兄更是以他独特、幽默的表达方式解析了各种动物的有趣行为。我们非常尊敬的主持人高博老师，在台上逻辑清晰、反应敏捷、知识面广且极为风趣幽默，为节目平添了十足的活跃感。这些有趣、好玩、寓教于乐的知识点，也同样呈现在了这套书中！

最后，我想说的是，这档节目及这套书的价值取向和情感输出。每一个生命都值得尊重，每一种动物都是平等的，每一个物种都在生态系统中发挥着不可替代的作用！我们展现在大家面前的动物，是有情感的、是美的，是值得我们每个人去欣赏、去热爱、去关心甚至要以行动去保护的。

我们非常注重"升华"，但绝不是做作的、刻意为之的。在动物园生活的动物，它们有故事，有与饲养员的感情交流。我记得在录制北京动物园的中美貘、南美貘那一期时，在场的人几乎都被饲养员精心照顾它们的故事感动得潸然泪下。在自然保护区或国家公园生活的野生动物，它们顽强生存的精神，也值得我们去体会、感悟。

我记得我在节目后期说的最多的话就是，我们国家的生态文明建设关乎每一位老百姓的生存与生活；我们现在正在从事以国家公园为主体的自然保护地体系建设，就是要保护、修复野生动物赖以生存的栖息地，让生物多样性得以延续；这归根结底是为了人与自然和谐相处，建设美丽中国，造福人类！

时间过得真快，三四年前，节目录制面临着各种困难和挑战；但不论是节目组，还是直接领导节目的"央视创造传媒"乃至正大集团江吉雄先生等诸位领导，都全力以赴、攻坚克难，将节目尽可能制作得令大家满意。

今天，当我看到《正大综艺·动物来啦》这套书的时候，每一期生动有趣的节目又展现在我的面前。我和杨毅兄都难以忘怀，我们和导演们对题、对台本的日日夜夜——4年多来，我俩每周都会有一个晚上要去"央视创造传媒""上班"。

这套书的出版得益于节目的总策划，以及制作节目的制片人和导演、出版社编校人员的辛勤付出。遗憾的是，我并没有具体撰写本书的文字，但书里的每一个字对我而言又是那么亲切。希望大朋友、小朋友们能像喜爱节目那样，喜欢并支持这套书。

读万卷书，行万里路。从书中汲取养分，再回归荒野，回到大自然中探寻生命之伟大与神奇。最终，以我们的行动去保护、关爱、关注这些生灵——因为爱，是正大无私的奉献！

是为序。

张劲硕

博士、研究馆员、研究员
国家动物博物馆馆长
2024 年 9 月 13 日

目录

寒冷海域中的"卖萌一哥" /1

北极海豹的日光浴 /4

如果宠物会说话 /6

与诗词美景为伴的红腹锦鸡 /10

藏粪球的屎壳郎 /11

动物界的"吃货大王" /13

"长寿之星"称号花落谁家 /15

袋鼠奶奶镶牙记 /18

爱洗衣服的黑猩猩 /21

海洋馆里的失窃案 /24

巨骨舌鱼的"狮吼功" /28

帕米尔高原上的"角斗士" /30

动物粪便巧利用 /33

林海中的巡护员竞技赛 /36

"在逃"雪豹 /39

南方动物遇见北方雪 /42

远古巨"龙"——科莫多巨蜥 /45

飞鸟舞蹈大赛 /48

李爷爷和他的候鸟医院 /51

蜂蜜是怎样酿成的 /54

想当动物明星的蜘蛛猴 /57

先有鸡还是先有蛋 /60

棉顶狨迁居记 /63

不靠谱的企鹅先生 /66

大熊猫"发发"的奇怪举动 /69

关于鳄鱼的是是非非 /72

绿海龟翻身记 /75

国宝"胖妞"的减肥故事 /78

"全民偶像"的"出道" /81

"北移象群"的那些经典画面 /84

行走的幼儿园 /87

为了"人象平安" /90

中国近海的美丽精灵 /93

动物也能看中医 /96

"长江女神"白鱀豚 /100

"两爬"动物的冷血时刻 /101

绿海龟和斑鳖的伤心往事 /105

"两爬"动物的贴心人 /109

扬子鳄过冬的秘密 /113

"两爬"动物的自白书 /117

野生动物巡护员的"荒野人生" /121

动物园里的"奶爸""奶妈" /125

大快朵颐的川金丝猴 /129

小小蝈蝈,本领强大 /130

寒冷海域中的"卖萌一哥"

北太平洋的寒冷海域中生活着一种哺乳动物,它们的脸看起来圆嘟嘟的,前肢短、后肢长,喜欢仰面躺在海上晒太阳。你猜到这种动物的名字了吗?没错,它们就是海獭(tǎ)。

海獭是群居动物,除了繁殖,吃东西和睡大觉几乎都在海里。白天,海獭在海里游泳、捕食;夜晚,它们一个个"手"拉着"手",枕浪而眠,这样做可以防止被海浪冲走,避免出现醒后自问"我是谁?我在哪儿?我要干什么?"这样尴尬的场面。海獭的团队合作意识强,群体睡觉时还会安排几只海獭轮流放哨。

海獭很能吃,进食量可以达到身体重量的三分之一,在动物界可谓"吃货"之最。接下来,我们把时间交给它们,听听它们有什么想说的吧!

嘿,大家好!我是海獭。听说人类给我们起了个绰号,叫"卖萌一哥",其实我们一点儿也不喜欢卖萌,萌本就是我们的日常状态。

什么，你说我现在的样子就很萌？好吧，那我就要好好跟你们说道说道……

提到在海面睡觉，我必须澄清一个事实。你们刚才看到跟我"手"拉"手"的雌海獭并不是我的女朋友，我还没到交女朋友的年龄呢！我之所以拉着雌海獭的"手"，是因为害怕睡着后被海水冲走。要知道，大海的威力可大得很！人类以为的萌对于我们海獭而言，是生存艰辛的表现。所以，以后别再感慨"海獭好恩爱"了。

你以为我们经常揉眼、搓脸，也是在卖萌吗？不，我们真的是因为冷才这样做的，焐"手"而已。若是皮毛沾上了脏东西或者乱蓬蓬的，保暖作用就会减弱。不行，太冷了，让我先搓一搓"手"再和你们聊……

人类觉得我们特别能吃，是个"吃货"。其实我也承认，卖萌可以有，吃才是我们生活的目的！试想要是我能像你们那样住在冬季开着暖气的房间里，我也会注重身材啊！能吃还不是因为太冷了，生活环境恶劣，体力消耗得太快嘛！多吃才能产生热量、保证存活呀！

说到吃，我最爱的食物一定要向你们介绍一下——海胆和贝类。这些食物可不能直接用牙齿撬开，我需要使用工具。让我去海底找找，给你们演示一下……哟，这块石头不错。

你问我怎么吃海胆？这太简单了，我会把海胆放在自己胸前，用刚才找到

的石头砸开。幸好我的毛厚、皮也厚，怎么砸都不怕疼。嘿，砸开了，不说了，享用完大餐后我们再聊吧！

请答题

海獭会把常用的石头藏在哪里？

A.腋下　B.腰侧　C.腹部

嘉宾观点

小泽：我选A。海獭的身体比较光滑，腰侧和腹部无法藏石头。动物不能像我们人类那样可以把东西揣进兜里，所以夹在腋下最合适。

小浩：我选C。海獭的腹部很有力量，毛多、褶皱也多，可以藏石头。

原来如此

资深科普达人杨毅：海獭是为数不多的会使用工具取食的肉食动物。它会躺在海面上，将石头放在胸前，用前肢夹住食物并敲击食物外壳，直到吃到里面的肉。海獭肚子上的皮肤有很多褶皱，身体弯曲时，褶皱处形成囊状结构，可以藏起石头。

海獭是体形最小的海洋哺乳动物，除了鼻尖和脚掌，它全身都覆盖着浓密的毛。它的皮毛可以分泌油脂，即使在深水中也可以防水。

正确答案是C，你答对了吗？

北极海豹的日光浴

　　北极科考人员崔祥斌在冰面上发现了两只海豹。一只褐色海豹正在睡觉，另一只灰色海豹在挠痒痒。

　　崔祥斌拿出相机，拍下了它们慵懒地晒太阳的视频。灰色海豹似乎察觉到有人出现，它捅了捅褐色海豹，好像在说："喂，你看，有人在拍我们。"

　　褐色海豹显然比灰色海豹更憨，它睁开眼睛，抬头看了一眼，又低下头去，满不在乎，似乎在说："看就看呗，好困啊，再睡一会儿。"

　　灰色海豹挠完痒痒，翻了个身，也睡觉了。

　　北极鲜有人类活动，所以海豹也不害怕人类。虽然经常面对的是北极酷寒的气候，但它们依旧在这里生存繁衍，一代又一代过着无忧无虑的生活。

　　崔祥斌怕打扰它们，拍完影像后，悄悄地离开了。

　　阳光照耀在晶莹剔透的冰上，也照在两只海豹身上。它们依偎在一起，皮肤在阳光下泛着光泽。它们睡得可真香啊，希望它们能做一个好梦，好好享受这温暖的日光浴。

（供图／崔祥斌）

请判断

这两只海豹刚从冬眠中醒来吗？

A. 真的　B. 假的

两只海豹依偎在一起晒太阳

嘉宾观点

小泽： 我认为是假的。虽然故事里的场景温馨而美好，但它们只是在那里晒太阳，并没有任何迹象表明此时是冬天呀！

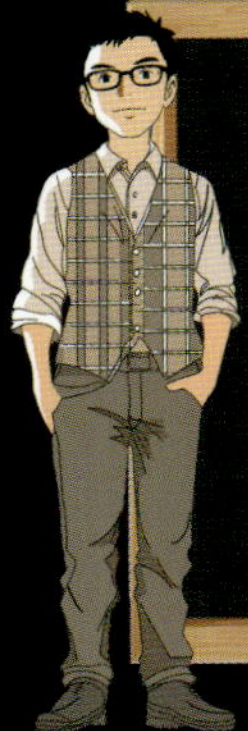

张博士的科学小课堂

海豹是不冬眠的。不论是南极还是北极，都会出现极夜或极昼的现象。在极夜的情况下，海豹睡眠的时间相对较长；在极昼的情况下，海豹睡眠的时间相对较少，但无论如何，它们都不会冬眠。

正确答案是B，你答对了吗？

主持人： 养宠物的人一般对宠物都很好。不过，你认为的"好"对宠物来说可不一定就是好。来吧，借着这次机会，我们来听听宠物的心声。

如果宠物会说话

你好，我是一只小猫咪，今年五岁了。我和我的好朋友狗狗一起生活在主人家里。

我们的主人——哎，真是一言难尽……

其实，主人平时对我们挺好，她是个心地善良的小姑娘，在读初中。她很喜欢我，不过，喜欢的方式让我有点儿接受不了。

开门声？坏了，她回来了。狗狗提醒我："你躲什么呀？主人回来就有好吃的了。"

我在一旁冷笑："主人哪儿都好，就是'撸猫'的方式有点儿让我受不了，既然你喜欢，就先替我受着吧！"

一进门，主人便喊狗狗的名字。同样都是"毛孩子"，它和

我可不一样,它摇着尾巴就跑过去了。

主人双手搂住狗狗的腋下,将它悬空拎了起来。狗狗冲我喊道:"哎呀,难受,快放我下来!"

我们都不喜欢人类这样把我们拎起来,因为这样我们很不舒服。我也经常被主人拎,那时真恨不得直接用后腿踹她两脚。

"现在你知道我刚才为什么要躲开了吧?"我对悬在半空中的狗狗说。

"你们猫咪可真狡猾!哎哟,我的腰,我的腰……"

主人拎着狗狗转了个圈,跳起了空中芭蕾。

不好,主人在找我,我要赶紧躲开……完了,我被主人抓到了!

"喂,你别拎我背上的皮啊!嘿,放我下来,听到了没有?"我大声叫嚷着。

这回轮到狗狗嘲笑我了。这个幸灾乐祸的家伙,看我下来后怎么教训你!

坏了,主人要把我抱进怀里——像抱人类婴儿那样。不要啊,这会让我透不过气来的!

好吧，作为猫咪，我想说，虽然我们是人类的宠物，但人类还是应该好好了解一下猫咪和狗狗的身体构造，好好学习一下该如何正确"撸猫""撸狗"，因为只有姿势舒服了，我们才能陪你们好好玩耍呀！

几种错误的抱猫姿势

长知识啦

🐾 抱猫的正确做法：让猫爪搭在你的一只手臂上，用另一只手托起猫的后腿，这样猫就有安全感了。

🐾 抱狗的正确做法：从主人手里接过狗时，为了避免它对陌生人产生抵触，可以让狗背对着你，你的一只手托住狗的前腿，另一只手扶住它的后腿，这样它就会有安全感了。

请答题

以下哪个选项是抱兔子的正确方法?

A.拎耳朵　B.捏住颈部皮肤　C.夹住前肢

嘉宾观点

小丽: 我选A。因为我在宠物店里抓兔子的时候,拎它的耳朵,它显得特别老实。

小泽: 我选C。兔子很怕高,这三个选项里最容易让兔子产生安全感的,我觉得是夹住前肢。

原来如此

资深科普达人杨毅: 兔子的耳朵非常发达,上面有很多毛细血管和神经,可以调节身体的温度,如果我们拎兔子的耳朵,很容易对它造成伤害。抱兔子时,应该用一只手夹住它前肢腋下,另一只手托起它的屁股。其实很多动物都不适合被人拎,例如猫和狗。动物的皮肤下面有很多毛细血管和神经,"拎"这种动作会对它们造成一定的伤害,而"抱"这个动作不会对它们造成伤害,我们也能更亲近它们。

正确答案是C,你答对了吗?

与诗词美景为伴的红腹锦鸡

唐太宗李世民的《望雪》诗云："冻云宵遍岭，素雪晓凝华。"意思是说，夜晚阴沉沉的阴云将山岭遮盖，清晨到处都凝结着素雅洁白的雪花。李世民用优美的诗句来形容雪景，如果在这美景中忽然闯进几只被古人视为凤凰的红腹锦鸡，那更是"此景只应天上有"了。这文学作品里描绘的美景，被三位摄影师在河南三门峡甘山国家森林公园给拍摄到了！那么，现实世界里的"中国画"到底是什么样的呢？

红腹锦鸡有亮黄色的头冠、鲜红色的腹部、蓝靛色的羽翅，还有长长的尾羽，在雉类中"颜值"很高。镜头中，皑皑白雪飘落在山崖上，一只红腹锦鸡昂首立于悬崖边。忽然，它张开翅膀，飞向山对面的一棵松树，从容地落于枝头，好似从天而降的凤凰。

（供图／任江　刘凯毅　秦喆）

请答题

雄性红腹锦鸡在什么情况下集群？

A. 觅食时　B. 求偶时

嘉宾观点

安安：我选A。因为冬季食物较少，红腹锦鸡会下山，集体觅食。

小张：我选B。动物集群一般都是为了求偶，就像人类的相亲大会一样。

张博士的科学小课堂

红腹锦鸡喜欢群体活动,一般是一只雄性和若干只雌性在一起。因为求偶的时候雄性要追求雌性,所以它们会刻意寻找雌性,来比拼哪只雄性的羽毛颜色更鲜艳。

正确答案是 B,你答对了吗?

藏粪球的屎壳郎

粪金龟就是我们常说的屎壳郎——一种勤劳的小甲虫。瞧,地上滚来一只粪球,一只粪金龟正在后面用力地推着它。很快,又有几只粪金龟加入其中,它们要把粪球推到哪儿去呢?

一只粪金龟正在沙土地里挖洞。它挖出一个地下洞穴,刚好可以容纳另外几只粪金龟推来的粪球。粪金龟合力把粪球推进沙洞,转着圈将粪球藏入地下。

全国走一走·动物猜猜看

请答题

粪金龟把粪球推到洞穴中的主要原因是什么?

A. 保证洞内温度　　B. 繁育幼虫

嘉宾观点

小张:我选B。粪金龟会把卵产在粪球中,再把粪球推到洞里孵化。只要温度条件合适了,这些卵就会"破粪而出"。

原来如此

资深科普达人杨毅:粪金龟把粪球推入洞穴后,会将卵产在球内。长大的幼虫叫"蛴螬(qí cáo)",靠吃粪球生长。

正确答案是B,你答对了吗?

主持人：我们过年时，会多买点吃的，这叫"囤年货"。今天《动物生存大讲堂》的动物老师仓鼠不仅是个"吃货"，而且还自备两个"袋子"囤货，你想抢都抢不走。来，一起去看看！

动物界的"吃货大王"

在动物界，仓鼠是个有名的"吃货"。为了证明这一点，咱们来做一个试验。

这不，一只仓鼠刚刚睡醒，惬意地伸了个懒腰。它四处看了看，不认识这是哪儿——它当然不知道啦，这是人类为它量身打造的试验场，除了有可以睡觉的舒适小窝，还有一个透明的、蜿蜒曲折的管道，管道的尽头放着仓鼠最爱吃的"坚果蔬菜大礼包"。人类制作这个人工管道的目的就是要验证一下仓鼠是否配得上"吃货大王"的称号。

这只仓鼠的确有些饿了，它闻到食物的香味，立刻钻进管道，小鼻子四处"打探"；胡须有节奏地抖动着，看起来有趣极了。难怪大家都那么喜欢它。

这条管道又细又长，只能容纳一只仓鼠进出。管道内好似迷宫，不仅有好几处死胡同，还有垂直管道和不同角度的坡面，但

仓鼠在吃"坚果蔬菜大礼包"

仓鼠根本不受"地形"影响,面对坡面它轻松逾越,即使遇到垂直的立面管,它也懂得借助周围管壁的支撑,缓慢下移。很快它就找到管道尽头的"坚果蔬菜大礼包"了。

俗话说,"龙生龙,凤生凤,老鼠的儿子会打洞"。仓鼠一头扎进食物堆里,抱起花生、瓜子、胡萝卜丁和玉米粒,开启了狂吃模式。吃完了还不够,它要把剩下的食物"打包"带走。

仓鼠天生自带"打包盒",它们脸颊两侧有颊囊,可以藏下身体体积二分之一的食物。

这只仓鼠吃得很开心,待颊囊装满食物后,它打算回去睡觉了。动物界的"吃货大王"?随便人类怎么叫吧,只要仓鼠填饱了肚子,怎么叫它都不会介意的!

请答题

仓鼠把颊囊塞满食物后,会尽可能停止做什么?

A. 进食　B. 饮水　C. 分泌唾液

嘉宾观点

安安:我选C。它的颊囊存满了食物,会很鼓胀,就没办法分泌唾液了。

小玉:我选C。分泌唾液可能会让仓鼠储存的食物变质,所以我觉得这个时候应该不能再分泌唾液了。

张博士的科学小课堂

唾液中有唾液淀粉酶,唾液淀粉酶会消化食物,如果颊囊里储存了食物再分泌唾液的话,就没法起到存储的效果了。

正确答案是C,你答对了吗?

主持人：中国人很喜欢龟，它是长寿的象征。那么，龟真的能活上千年吗？如果不能，它到底能活多长时间呢？今天就带大家去看看。

"长寿之星"称号花落谁家

提到龟和鳖谁更长寿，你可能会说，"千年的鳖，万年的龟"，当然是龟最长寿啦！那么，今天我们就来评一评，看看"长寿之星"称号花落谁家。

让我们先来看看"千年鳖"。鳖的寿命一般是三四十年，还比不上现代人类的寿命，因此，鳖活千年并非事实。由于古代医疗条件不发达，加之战争等因素，中国人的平均寿命在三十至五十岁，鳖可谓是能陪伴人一生的动物，所以"千年鳖"的说法便流传下来。

我们再来看看"万年龟"。美国爬行动物生态学家曾对一万多只海龟的寿命进行过观测,发现大部分海龟的寿命只有十几年,能活二十五年以上的海龟仅占3.4%,例如绿海龟,它体形硕大、背甲坚硬,除了人类,几乎没有天敌。目前存活最长的绿海龟有一百五十多岁,虽然超过百岁了,但它离千年万年还相差甚远啊!

那么,走起路来不紧不慢的陆龟寿命又如何呢?

苏卡达象龟颈部上方的背甲特别像花瓣,它的寿命一般是五十多岁。嘿,还不如绿海龟呢,欣赏一下它独特的背甲后,我们还是请它好好休息去吧。

瞧,亚达伯拉象龟慢条斯理地向我们走来。看起来呆头呆脑的它们,平均寿命有两百多岁,还真是长寿啊!亚达伯拉象龟可以说是龟中的"长寿之龟"了,它们看起来憨态可掬,做什么事都心平气和,看来,慢性子是它们长寿的法宝。

"千年鳖,万年龟"的说法虽然并不科学,但有的龟的确很

亚达伯拉象龟

长寿，当得起"长寿之星"这个称号。

龟是很多人喜欢饲养的宠物，龟的年龄也有迹可循。你还听说过哪些动物界的"长寿之星"呢？和我们一起来探究吧！

请答题

人们通过（　　）可以判断龟的大概年龄。

A. 背甲　B. 皮肤褶皱　C. 尾巴的花纹

嘉宾观点

安安：我选 B。我观察过我家那只未满一岁的龟，它的皮肤是没有褶皱的，我发现年纪比较大的龟皮肤褶皱多且深，所以我觉得可以通过皮肤褶皱来判断龟的年龄。

小玉：我选 A。我们辨别乌龟性别的时候会看腹甲，判断年龄可能看背甲；通过背甲上的信息来判断，准确性会更大一些。

小浩：我选 A。如果亚达伯拉象龟可以活两百多岁，那它们皮肤上的褶皱得有多少！

原来如此

资深科普达人杨毅：我们可以通过龟背甲两侧甲片上的生长纹来判断它们的大概年龄。由于龟的生长环境、种类不同，它们的生长纹是不一样的，通过生长纹，我们能大致推算出龟的年龄。龟背甲上的生长纹一条代表一岁，有几条就代表几岁，但这也是大概判断，并不是很精确。

正确答案是 A，你答对了吗？

主持人：最近，一只上了年纪的袋鼠不小心磕了一下，成了"豁牙奶奶"。还好，人们及时救治，给它镶了个钛合金假牙。听说这钛合金牙使用起来也有禁忌，我们一起去了解一下！

袋鼠奶奶镶牙记

你们好，我叫"果果"，一只上了年纪的袋鼠。如果换算成你们人类的年龄，我可是年过半百了。

这袋鼠上了岁数，牙口不好，眼神也不好。这不，前几天跟几个同伴聚餐的时候，我一个趔趄（liè qie）把门牙给磕掉了。自从掉了牙，我吃起东西来就特别费劲。按照我以前的胃口，一箱子蔬菜一会儿就能吃完，可现在不行了，蔬菜的根茎我都嫌硬，嚼不动。算了，只能来点儿嫩菜叶解解馋了。

细心的饲养员发现我磕掉牙后，说要给我镶牙，而且镶的还是钛合金假牙！我活了大半辈子，镶牙这种事真的是"大姑娘上轿——头一回"！做检查时，一排排手术钳、一瓶瓶药剂和刺眼的无影灯灯光让我的心都跳到嗓子眼儿了。哎哟，让各位看笑话咯！

医生检查了我的牙齿，发现我原有的六颗上门牙只剩下一颗了，还是坏的，臼齿和下门牙则相对完好。医生说，我的牙要是不补，吃进肚子的食物会引起消化困难，时间长了还会有生命危险。会危

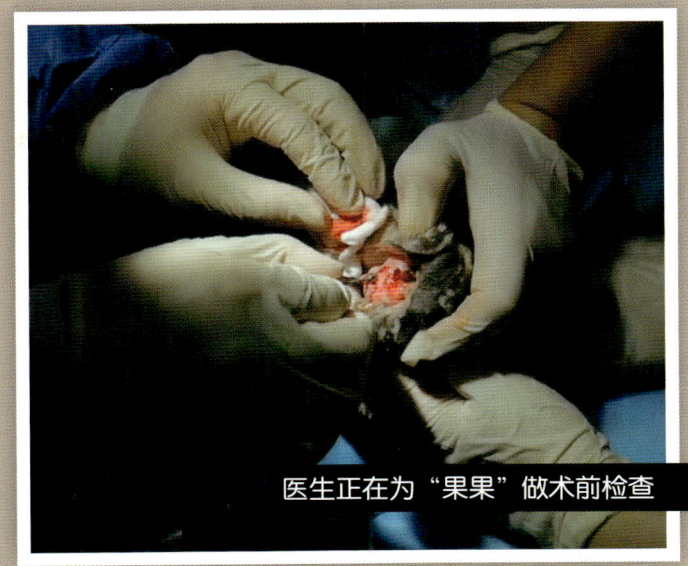

医生正在为"果果"做术前检查

及生命？好吧，医生毕竟比我懂得多，乖乖配合他们就好了！

他们为我组建了一支高级医疗团队，草拟出"钛合金假牙种植方案"。在中国，给袋鼠种牙并无先例，更让医生们头疼的是，袋鼠的门牙弧度较大，定做门牙对弧度的精准度要求很高。不过，这些都难不倒医疗团队。半年后，经过反复推敲、修改的假牙模具终于制作完成，镶牙手术即将开始！

正式手术前，我住进了"单人豪华大床房"，饮食起居都由专人负责照料。做这台手术时，医生先将预制的"种植体"种植到牙槽骨里面，待它与牙槽骨愈合后，再装入愈合基台。愈合基台安装上后，大概过两周，医生开始对它翻模，进行全方位的假牙定做，最后把这颗假牙安装上去，手术便大功告成了！

术后，经过X光检查，医生发现种植牙和我的牙槽契合度相当好。我成为全中国首个接受种植牙手术的野生动物，怎么样，是不是倍儿有面子？最开心的是，我终于可以放心、大胆地吃东西啦！嘿，我还得注意着点，别吃成"胖奶奶"了！

不过，种了钛合金假牙，有一样东西医生叮嘱我不能吃了，你们知道是什么吗？

请答题

种牙后，袋鼠不能吃下列哪种食物？

A. 饲料窝头　B. 煮鸡蛋　C. 苹果

嘉宾观点

安安：我选C。如果我戴了牙套，会觉得吃苹果特别困难，根本咬不了。这只袋鼠可能也吃不了苹果吧，苹果又圆又硬。

小泽：我选A。之所以选窝头，是因为窝头的黏性比较大，容易把假牙粘掉。

小张：我选B。我每次吃煮鸡蛋的时候都会噎到自己，如果牙齿不好，那更会被噎到。所以我觉得袋鼠应该也一样，种牙后吃煮鸡蛋会很容易噎到自己。

原来如此

饲养员：种牙后，我们就没有再给果果提供地道的中国美食——馒头和窝头了。野生袋鼠主要以草和水果为食物来源，馒头和窝头特别粘牙，且会附着在牙龈附近，聚集形成大量的口腔细菌，会导致牙病。所以手术后，一般建议少吃黏性食物，多进行口腔清洁。

张博士的科学小课堂

人类为许多动物做过有趣的手术，比如为犀鸟更换3D打印的喙，为雪豹做白内障手术，等等，这些都是人们利用高科技保护动物，让它们能健康地活下去的典型事例。我想，用现代化的设备和医疗技术去管理动物，让动物生活得更好，也是我们人类的使命。

正确答案是A，你答对了吗？

爱洗衣服的黑猩猩

重庆乐和乐都野生动物世界里有一只雄性黑猩猩，它的爱好有点儿与众不同——洗衣服。

这只叫"渝辉"的黑猩猩不仅聪明，而且性格开朗，喜欢模仿饲养员的动作，经常逗得饲养员哈哈大笑。有一天，饲养员发现渝辉看起来有点儿不高兴，它孤零零地坐在角落，也不和其他伙伴玩耍。黑猩猩是灵长类动物中智商较高的，饲养员不仅会关照它们的日常起居，还会关注它们的心理健康。饲养员想，渝辉会不会是在动物园待久了，有些无聊了？

为了帮助渝辉恢复好心情，饲养员和它玩起了游戏。他们把核桃、杏仁等食物装在矿泉水瓶里，又把胡萝卜、油麦菜放在园区不同位置，等着它来找食物。饲养员觉得，找食物不仅可以增加黑猩猩的运动量，刺激其大脑分泌多巴胺，让它变得快乐，还能模拟野外的生存环境，让它的野性得到释放，一举多得。

没想到的是，面对饲养员出的考题，渝辉很快就破解了——它找到了藏在各处的果蔬，倒出了矿泉水瓶里的食物，但这些游戏并没有让

21

它开心多久。这下,轮到饲养员郁闷了。难道人类的智商就这样被一只黑猩猩碾压了?

渐渐地,饲养员发现,渝辉在观看他们擦玻璃、洗抹布时非常投入,还一改往日忧郁的眼神,模仿起饲养员洗抹布的样子。也许,洗衣服能使它高兴一点?饲养员决定给渝辉一次自己洗衣服的机会。

果不其然,拿到衣服后,渝辉兴奋地冲到小池塘边,开始搓洗。它搓啊、揉啊、拧啊,还真像那么回事,它咧开嘴,大笑起来。洗好衣服后,它会把衣服拿到大石头上晾干,晾干之后,接着再洗。

看到渝辉因为有了爱好而不再忧郁,饲养员也很高兴。很快,大家都知道动物园里有一只会洗衣服的黑猩猩了,渝辉也因此成了"网络红人",拥有很多粉丝呢!

为了让渝辉玩出不一样的乐趣,饲养员决定提升洗衣服的难度——他将搓衣板放在水泥池里。从来没见过饲养员用搓衣板来洗衣服的渝辉,接下来会有什么样的表现呢?

请答题

如果饲养员递给渝辉一个它从未见过的搓衣板，会有何种情况发生？

A. 尝试使用　　B. 不予理睬　　C. 进行破坏

嘉宾观点

安安：我选 C。我看过一个视频，一只小浣熊进入黑猩猩的领地，黑猩猩一起攻击这只小浣熊。我觉得黑猩猩应该不喜欢其他事物进入它们的领地。

小张：我选 A。从动物行为学角度判断，黑猩猩洗衣服是动物的一种学习行为，像黑猩猩这种高智商动物，它们是非常善于学习的。

原来如此

渝辉拿着衣服来到水池边，对搓衣板视而不见。没一会儿，它拿起衣服，用经常使用的办法搓起衣服来。

资深科普达人杨毅：为动物园里的动物排解无聊情绪，我们称之为"丰容"，就是让人工圈养下的野生动物展示它们的自然行为。黑猩猩洗衣服其实是一种模仿行为，只给它一块搓衣板，它确实是不知道如何使用的。如果让它知道搓衣板的用途，它就会使用了。

张博士的科学小课堂

黑猩猩的智商特别高，它可以制造并使用工具，有人甚至发现，黑猩猩会找一根树枝，对它进行剥皮和打磨后，拿这件"武器"去戳婴猴（一种小型夜行灵长目动物）。

正确答案是 B，你答对了吗？

海洋馆里的失窃案

"南昌融创海世界"是一家集海洋动物展示、科普和表演于一体的海洋馆。最近,馆里发生了一件蹊跷的失窃案——饲养员通常会储备一定量的小金鱼,养在仓库里,给海洋动物做伴或食用,可这天早上饲养员发现,小金鱼的数量减少了。接下来的几天,小金鱼的数量天天在减少,这引起了饲养员的注意。到底是谁偷走了小金鱼呢?

饲养员仔细检查了鱼缸周围,并没有看到小金鱼的尸体,鱼缸周围的地面上还有一些血迹,这就排除了小金鱼跃出鱼缸的可能,看来,小金鱼是被某种动物偷吃了。

仓库的门每天都是紧紧关着的,到底是谁有如此大的本领,能飞檐走壁来偷小金鱼呢?如果真的有馆内的动物进来偷吃小金鱼,那么会给它的身体带来伤害——毕竟为了模拟野外觅食环境,每只动物的日进食量都是限定的,暴饮暴食对动物造成的伤害会比较大。

好在海洋馆内的场馆并不多,只要饲养员对各场馆展开排查,"嫌疑人"很快就能浮出水面。从地理位置上看,距离仓库最近的分别是旱獭馆、水獭馆、海豹馆、海狮馆和鲨鱼馆。旱獭吃素,首先被排除嫌疑;鲨鱼的"作案"难度也很大——它无法从水缸中跃出、作案,再回到水缸中,且鲨鱼是咸水鱼,小金鱼是淡水鱼,鲨鱼的嫌疑也被排除。这样,就剩下水獭、海豹和海狮三个馆的动物嫌疑最大了。

饲养员重点查看了三个馆的笼舍区监控视频。几个小时后,饲养员终于确定了"偷鱼大盗"的身份——一只亚洲小爪水獭。原来,在监控画面里,一只水獭身手敏捷地打开了笼舍铁栅栏,

亚洲小爪水獭是世界上最小的水獭

溜进一条狭小通道。它用头拱开仓库的小门，钻进仓库后直奔鱼缸，一头扎进缸中，津津有味地享受起"鲜鱼宴"来。

　　案子虽然破了，可水獭是怎么知道要打开笼舍铁栅栏的呢？原来，野生亚洲小爪水獭是一种夜行性动物，十分聪明，自小在海洋馆里长大的水獭，养成了白天活动、晚上睡觉的作息习惯。饲养员估计，水獭是在玩的时候无意中发现铁栅栏和仓库之间的

监控镜头下的亚洲小爪水獭

关系，所以设计了这条"盗窃"线路，还把基因中的"夜行"功能发挥到了极致。

"因为我们平时都很喜欢水獭，它可能是'恃宠而骄'了。这件事提醒我们，对待小动物有时也要理性一点，不能过度溺爱，否则犯了错可就不好啦！"饲养员语重心长地说。

经过一段时间的管理，亚洲小爪水獭终于恢复了正常的生物钟状态，海洋馆里的小金鱼再也没有丢失啦！

请判断

亚洲小爪水獭的前后爪都有像鸭子一样的脚蹼。

A.真的　B.假的

嘉宾观点

小玉：我认为是假的。亚洲小爪水獭有挖洞的能力，所以我觉得它的前爪应该没有脚蹼。

小浩：我认为是假的。亚洲小爪水獭的后肢负责游动，前肢负责抓取，就像我们人一样，脚负责走路，手负责使用工具。

亚洲小爪水獭的爪子

一只亚洲小爪水獭正在吃鱼

原来如此

饲养员：亚洲小爪水獭的爪子肉乎乎的，它们的五个手指头中间有蹼，能在水中提高游速。

资深科普达人杨毅：亚洲小爪水獭是国家二级保护动物。与熊"摁"着吃鱼不同，亚洲小爪水獭在吃鱼的时候，是"对掌而握"的。它的前爪和后爪都长了蹼，尾巴如船舵，这种身体构造有利于在水下掉转方向、加速等。

张博士的科学小课堂

我们称亚洲小爪水獭的蹼为"半蹼"。对水獭的保护，国家相当重视。因为它是一种环境指示性物种，它的存在表明这方水域水体非常健康，保护水獭就是保护我们人类赖以生存的环境。

主持人： 今天我要为大家介绍一种在地球上生活年代久远、体形庞大、有"狮吼功"的鱼类。什么？《动物生存大讲堂》这次为大家请来的是武林高手，不是老师？这可是头一次呢！来，开课啦！

巨骨舌鱼的"狮吼功"

大家好，我是巨骨舌鱼，属辐鳍鱼纲、骨舌鱼目、骨舌鱼属。我们是亿万年前就生活在地球上的远古生物，如今，我们生活在南美洲亚马孙河流域。我们头部的花纹类似图腾，舌头上长有坚固、发达的牙齿。成年后的我们体长2~6米，重约100千克。

我的老家南美洲亚马孙河里小鱼味道鲜美，我偶尔也会抓些蛇、龟、青蛙、昆虫甚至小鳄鱼来吃。

你以为我们巨骨舌鱼在地球上生存了亿万年，只是因为身体"装备"够硬吗？那你未免太小看我们啦！装备"硬"只是一方面，具有强大的蛮力才是我们成功的秘诀！在我们发动攻击时，会蓄积全身的力气到尾部，然后用尾巴给敌人致命一击，尾部的力量大到能将一名成年男子击倒。除了会"神龙摆尾"，我们在捕食时还会发出巨大的响声，引起水面剧烈震动，如同"狮吼"一般。你知道我们为什么要这么做吗？

一只在水底遨游的巨骨舌鱼

请答题

巨骨舌鱼发出响声的作用是什么？

A.击打猎物　　B.宣示主权　　C.同种间交流

嘉宾观点

小玉：我选C。我以前看过视频，说有些水生生物是靠发出声音来进行交流的。

小宇：我选A。它们是用巨大的声音把猎物震晕后再捕食的。

小张：我选A。我听说过有一种生物叫雀尾螳螂虾，它的攻击形式就是通过快速地敲击，然后加上水锤，震晕猎物，再去捕食。巨骨舌鱼也可能采取相同的捕猎方式。

原来如此

巨骨舌鱼有两项超能力：尾部力量大和觅食时会发出巨响。发出巨响是为了击打猎物，击晕猎物后，它们就可以轻松捕食了。

资深科普达人杨毅：巨骨舌鱼有一个非常特殊的舌骨，它利用舌骨的振动，让口腔中的气体突然喷出，产生巨响，就像冲击波一样震晕水中的猎物。

张博士的科学小课堂

我想和大家分享一段自己在亚马孙河见到巨骨舌鱼的经历。我在木棍顶端插上一块牛肉，去"试探"巨骨舌鱼。它张着巨嘴，"咚"的一声跃出水面，就像发生了地震那样。我还没有反应过来，手上的棍子只剩下半截了。巨骨舌鱼的战斗力的确太强大啦！

正确答案是A，你答对了吗？

主持人： 在动物的世界里，如果你没有一件称手的"兵器"，那可别想"行走于江湖"。今天我们要为大家介绍的动物，它的"兵器"就是头顶的犄角。它的"铁头功"到底有多厉害？我们一起去探索一下吧！

帕米尔高原上的"角斗士"

大旅行家马可·波罗在他的《马可·波罗游记》里描绘过我国帕米尔高原上的一种羊。书中写道："那些野生的羊，羊体硕大，羊角长达三四掌尺，有的羊角甚至长达六掌尺。"欧美人称这种中国羊为"马克·波罗盘羊"。

如今，在中国西部帕米尔高原上，古代旅行家笔下描绘的盘羊的后代，正在冰川上集群奔跑。一年一度的盘羊"角斗季"就要到了，角斗中的赢家将奠定自己在族群中至高无上的地位。老羊王此时威严犹在，它虎视眈眈地注视着前来挑战的年轻公羊，决定在接下来的战斗中给它们一点儿颜色瞧瞧。

比赛开始了！两只公羊以约10米/秒的撞击速度冲向对方，这股力量到底有多强呢？我们假设驾驶员未系安全带，那么小轿

车以同样速度行驶并撞向阻挡墙体后，撞击产生的力将直接导致车毁人亡！

为什么"钢铁之躯"小轿车以10米/秒的速度发生撞击会支离破碎，而血肉之躯的盘羊能毫发无损呢？北京交通大学物理科学与工程学院的陈征老师给我们做了一个力学分析：假设一只成年盘羊体重为100千克，由于撞击后会停下来（假设时间是0.1秒），那么撞击会产生10000牛顿（即1000千克）的冲击力。如果形象一些地来打比方，就相当于我们的头上顶着一件1吨重的物体。

面对对手如此强烈的撞击，盘羊的脑袋竟然能承受且毫发无损，真是太神奇了！

请答题

在用头相互顶撞时，盘羊为什么不会脑震荡？

A. 有厚且分层的头盖骨　　B. 有粗且重的犄角

C. 头颈部有较厚的脂肪层缓冲

嘉宾观点

小玉：我选C。我觉得脂肪具有缓冲撞击力的作用，能保护盘羊大脑不会受伤；头盖骨虽然特别坚硬，但它的缓冲作用极小，我担心它会被撞裂的。

小浩：我选B。如果撞击力量集中在头盖骨上，谁也受不了。如果是犄角受力，那么它的承受度会好多了。

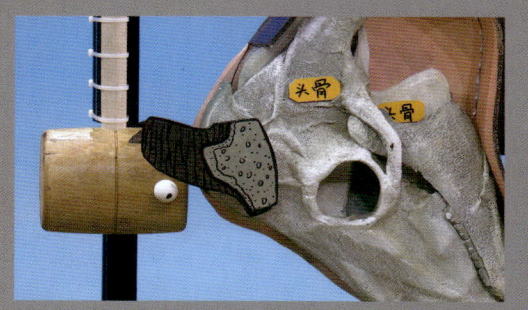
新生盘羊头顶的角和头骨构造

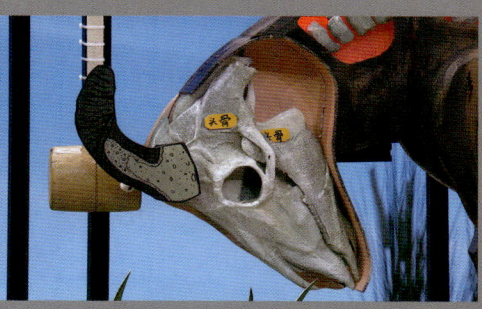
一两个月后，骨骼从角根部长出

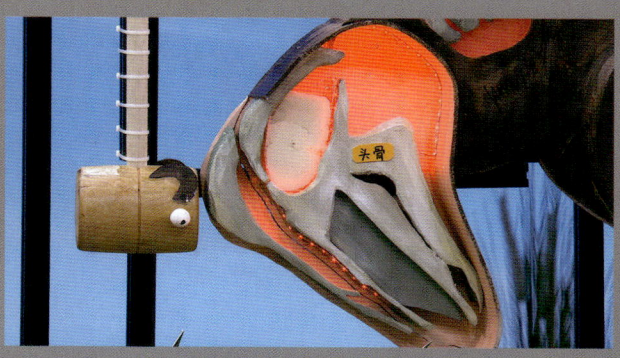
盘羊双层、中空的颅顶

张博士的科学小课堂

对于盘羊的身体构造，我们可以用模型为大家做演示。

虽然盘羊颈部和背部的肌肉十分健硕，起到一定发力作用，但这个部位脂肪含量少，无法缓冲如此巨大的力。

盘羊一出生，未来用于受力的颅顶部位就出现角的萌发状态。角是盘羊骨骼的组成部分，一两个月后，骨骼从角根部开始生长；大约一年后，角呈盘状，角根部骨骼凸起。我们可以这样理解：盘羊的角是由角蛋白组成的"壳"，盘羊的较量，受力点就在角的根部。

在受到外力作用时，厚且分层的头盖骨可以逐层缓冲，骨腔内的大脑受到的冲击力就会变小，很好地保护了大脑软组织。它的原理就像建筑工人的安全帽，双层的设计有效避免了脑震荡的发生。

主持人：我们养小猫、小狗时，如何处理粪便很有讲究：宠物粪便最好不要放入生活垃圾中，而要将它归入城市粪便处理系统——通俗点说，就是尽量用马桶冲掉。在动物园里，这么多动物的粪便该如何处理呢？一起来看看！

动物粪便巧利用

南京红山森林动物园拥有260多种、近3000只动物。在动物园的一处饲养场地内，一位漂亮的小姑娘正穿着工作制服，挥舞着铁锹，装运着一团团臭气熏天的动物粪便。她就是我们的动物观察员——肖青。

红山森林动物园由于动物数量多，每天会产生约750千克的动物粪便，这么多粪便该如何处理呢？带着这个疑问，小肖跟着工人师傅，来到动物粪便处理区。这里摆着一个巨型"圆筒"，叫"密闭式动植物废弃物发酵罐"。工作人员表示，由于今天的粪便没有达到一定的量，还无法向我们展示处理的过程。急性子的小肖为了搞清楚情况，继续回到动物园，当起了"铲屎官"。

  长颈鹿场馆内,小肖面对的是小小的、黑色的颗粒。小肖原本以为,体形大的动物粪便量也大,可望着眼前这些小颗粒,她只能无奈地摇头了。

  袋鼠场馆内,两只袋鼠一边晒太阳,一边当"监工",监督小肖清理粪便;黑猩猩场馆内,小肖一边挥着铁锹,一边感叹:"黑猩猩的粪便怎么这么像人的粪便?太少了,这也不够啊……"

  大象场馆内,两只大象正用鼻子卷起食物往嘴里塞。125千克的草料、45千克的水果蔬菜、10千克的颗粒饲料……大象果然是"大胃王"!它们每天能排出150千克的粪便,这下小肖不发愁了——顶着浓浓的臭气,挥汗如雨地劳作吧!

  一个上午过去了,在小肖和工作人员的努力下,十几个垃圾桶被装得满满当当。这些粪便随后被转运到动物粪便处理区,工作人员按动按钮,发酵罐对粪便的处理工作终于启动了。

长颈鹿的粪便　　大象的粪便

请答题

发酵罐会将动物粪便最终处理成什么物质？

A. 化肥　　B. 营养土　　C. 燃料

嘉宾观点

小宇：我选 A。把粪便转化成化肥，撒到地里，植物就能长得更强壮。

安安：我选 B。动物粪便成为营养土，是利用高科技来实现的。我觉得发酵罐有这种转化功能。

原来如此

工人先将修剪下来的树枝进行粉碎处理，再将这些枝叶碎屑与动物粪便充分搅拌，装入全封闭、全自动化的发酵罐。经过20天的发酵、除臭和杀菌处理，粪便完成了华丽转身，变成了营养土。这些营养土能改善土壤板结、给植物追肥，真正做到了回归自然。

资深科普达人杨毅：动物园一般都会为了营造野生环境而种植大量植物。动物粪便可以供给植物养分，鸟类也会在肥沃的土壤里找虫子吃，这样就形成了完好的生态循环系统。

张博士的科学小课堂

除了人工养殖环境，在野生环境下，动物粪便也具有科学研究价值。对于研究者而言，他们很难收集到濒危野生动物的生境信息，粪便就成为他们研究动物信息的重要来源。

正确答案是 B，你答对了吗？

主持人：2019年12月，吉林东北虎豹国家公园内举办了一场"东北虎栖息地巡护员竞技赛"，十八支由巡护员组成的参赛队伍相互交流技能和经验，这么好的观摩机会我们怎么能错过呀？一起去了解吧！

林海中的巡护员竞技赛

东北虎豹国家公园地跨吉林、黑龙江两省，与俄罗斯、朝鲜两国接壤，总面积约1.46万平方千米，是中国野生东北虎和东北豹种群数量最多、繁育最盛的地方。2017年，作为中国首批十个国家公园体制试点区之一，东北虎豹国家公园正式成立。

东北虎豹国家公园内沼泽广布、水草茂盛，以森林生态系统为主体，主要植被类型是温带针阔叶混交林，森林覆盖率约为93%。公园内分布野生陆生脊椎动物约27目78科363种，其中国家一级保护动物有东北虎、东北豹等，国家二级保护动物有棕熊、马鹿等。

野生东北虎种群的壮大离不开辛勤工作的一线巡护员。巡护员必须擅用巡护工具，熟悉工作区域内的生态，还要有强壮的身体，才能担当巡护使命。巡护员常年生活在野外，工作条件十分艰苦，除了要面对来自盗猎分子的威胁，还要面对寒冷的自然环境的考验。多年来，巡护员坚守在这里，清理了上万个猎套，为包括东北虎在内的多种野生动物提供了安全的栖息环境。

2019年12月，一场"东北虎栖息地巡护员竞技赛"拉开了序幕。我们的动物观察员杨毅全程跟随其中一支参赛队伍，想看看他们是如何工作的。

比赛的第一项任务是清理猎套。比赛哨声吹响，杨毅跟着一名巡护员一路狂奔，来到一棵树下，巡护员将绑在树上的一根软绳解开，这是比赛中使用的模拟道具。现实往往更加残酷，盗猎者套狍子用的猎套是一根钢丝绳，狍子在树下吃食时，脖子或蹄子有可能会被套上，挣扎会让钢丝绳越勒越紧。没走多远，巡护员竟然发现了真家伙——一根生锈的铁丝绳缠绕在树上，把树皮勒出了锈痕，看来这是"陈年老套"了。

比赛的第二项任务是清"炸子"。"炸子"里装着炸药，炸药外包裹腐肉，盗猎者将"炸子"吊在树上。动物吃了"炸子"，炸药会在口腔里引爆。比赛已经过去一个小时了，平时身经百战的巡护员此时仍然身手敏捷，在厚至膝盖的积雪中健步如飞，而杨毅喘着粗气，明显已经跟不上巡护员的节奏了。

比赛的第三项任务是清缴兽夹。兽夹藏匿在有蹄类动物经常出没的地方，当动物误踩上去后，趾关节会被牢牢夹住，它是一种非常残忍的盗猎工具。

除了清理盗猎工具，在野生动物经常出没的地方架设远红外线相机并定时检查相机，也是巡护员的重要工作。

真切地体验到巡护员工作的艰辛后，望着还在林海中不断寻觅的巡护员的背影，杨毅想：这次比赛的冠军花落谁家已经不重

猎套　　兽夹　　"炸子"

要了，巡护员是一群在动物保护工作一线默默奉献的人，是守护野生动物生命安全最可敬的人！

请答题

以下哪个区域更容易发现盗猎工具？

A. 密林缓坡　　B. 落叶密集区　　C. 河道附近

嘉宾观点

小浩：我选 A。密林缓坡是动物比较集中的区域，放在这里的盗猎工具自然很多。

小丽：我选 C。山中的缓坡或者落叶密集区有很多，但有水的地方有限，动物会时常出没——食草动物来喝水，食肉动物来捕猎，下套自然会命中。

小宇：我选 B。如果把夹子放在河道或者缓坡等位置，没有很好的隐蔽性，动物看到了一定不会踩上去。落叶密集的地区就不一样了，方便下套，那里是动物需要特别小心的地方。

原来如此

巡护员在工作时，先会考虑去沟谷河道附近查看。因为那里喝水的动物多，食物也比较丰富，由于动物出现的频次高，发现盗猎工具的机会也更大。

资深科普达人杨毅：自从国家开始提倡保护野生动物后，很多猎人转变思想，变成野生动物保护者。他们熟悉盗猎手段，能高效地工作，为动物保护工作做出了不可磨灭的贡献。同时，退耕还林等政策让野生动物的栖息地范围不断扩大，保证了有蹄类动物和那些顶级捕食者的生命安全。

正确答案是 C，你答对了吗？

"在逃"雪豹

高原上步履蹒跚的雪豹

雪豹生活在人迹罕至、空气稀薄的高原地带,它们会随着雪线的变化而改变栖息地。人类觉得恶劣的环境对雪豹而言,是大自然本就赋予它们的生存之境。雪豹会把巢穴建在食物资源较丰盛的地区,它们的存在是某地生物多样性的重要标志。

四川省甘孜州石渠县位于青藏高原东南边的川、青、藏三省区接合部,截至2019年,该区域远红外线相机拍摄到雪豹就有40余次。我们的故事就从石渠县真达乡护林员甲它的经历说起。

一天,甲它在巡护时发现了一只受伤严重的雪豹。被人们发现时,这只雪豹左前肢被咬伤,步履蹒跚,独自行走在荒原上。甲它知道,雪豹的领地意识很强,一般不会擅入同类的领地。但在冬天,由于野生动物的迁徙和冬眠,雪豹的猎物变少,食物匮乏时,它们也会为了顺利过冬或养育幼崽而闯入其他雪豹的领地,争抢猎物。甲它从这只雪豹的伤势和躺在一旁断了气的岩羊判断,它应该是与同类争夺猎物时受伤的。人们能发现它就说明,它已

被甲它救助的雪豹

经拼尽全力赶走了对手,赢得了猎物。

动物保护工作者有他们的救护准则:他们一般不会主动干涉野生动物的生存状态,除非危及动物生命,他们才会出手挽救。甲它和同事们观察这只雪豹已有两天,它趴在地上很久未动,大家觉得,是对这只雪豹展开救助的时候了!由于雪豹死死地咬住岩羊尸体,不准任何人"抢走"自己的战利品,甲它和同事们只好把它们一起带回了救助站。经过四天的治疗,雪豹的伤口渐渐愈合,岩羊也被啃得只剩下骨头了。甲它试图把开始发臭的岩羊尸骸取出来,不过,就算伤势严重,这只雪豹仍然紧紧咬住岩羊尸骸,任凭甲它怎么用力拖,它都不松口。

甲它有着丰富的动物救治经验,经他手救治过的动物有十几只,其中就包括两只雪豹。现在,他每天细心地给雪豹配药、准备食物,他相信经过治疗,雪豹一定能恢复健康。

然而事与愿违,在救助了15天后,一天深夜,雪豹咬断笼子底部的木板,悄悄地逃走了。虽然此时它已经没有生命危险,但是距离康复还早。甲它放心不下,他和伙伴们顺着雪豹留下的足迹寻找,却始终没有找到。

这只雪豹在战斗中将牙齿打断了,再加上前肢的伤势,想要在短时间内捕食几乎是不可能的。此时回归野外,等待它的很可能就是死亡。

请答题

冬季,雪豹在野外一般可以保持多久不进食?

A. 一周　B. 半个月　C. 一个月

嘉宾观点

小浩: 我选B。雪豹在野外捕猎是很困难的,特别是冬天食物极度匮乏,它需要通过消耗脂肪来越冬。它可以较长时间不进食,但是一个月太长了,我认为半个月正合适。

小译: 我选A。所有的猫科动物都不会冬眠,因此雪豹也不会冬眠。不冬眠的雪豹长时间不进食是不行的,正常应该一周要进食一次。

小玉: 我选B。雪豹一年中大约可捕20只野羊。吃下一只野羊,半个月后再捕杀另一只会比较合理。

原来如此

在野外,雪豹的主要食物是岩羊、盘羊等高原动物。为了猎食,雪豹往往按一定线路绕行于一个区域内,饱食后可以一周不进食。正因为如此,甲它在发现雪豹逃走后,没有放弃寻找这只雪豹,他希望继续救治雪豹,直到它彻底康复。

张博士的科学小课堂

可能大家一说到代表中国的动物,就会想到大熊猫。其实,雪豹也是可以代表中国的动物,全球一半以上的雪豹就分布在中国境内。随着动物保护工作的加强,近几年,雪豹的保护等级已由濒危级降到了易危级。不过,雪豹的生存状况依然十分严峻,我们应该感谢像甲它这样的动物保护工作者,正是他们的默默付出,才让我们看到了希望!

正确答案是A,你答对了吗?

在轮胎秋千里玩耍的大熊猫

南方动物遇见北方雪

冬天，当你一觉醒来时，可能会惊讶地发现整个世界银装素裹，仿佛置身浪漫的童话王国。小朋友喜欢下雪，堆雪人、打雪仗，他们会在雪地里玩得不亦乐乎。其实除了小朋友，好多动物也喜欢下雪。这不，我们的摄影师就拍到了动物在雪地里兴高采烈玩耍的画面。

一只从四川老家来到沈阳森林动物园定居的大熊猫，刚来不久就遇到了下雪。因为四川气候温暖潮湿，降雪难得一见，这回见到北方的雪，可把南方的"小熊熊"高兴坏了。它迫不及待地在雪地里来了一组前滚翻，圆滚滚的身体在雪地里轧出了一道道印痕。还不过瘾，它就抱着饲养员给它的沙袋玩具接着翻滚，这是不是人类说的"滚雪球"呀？哟，怎么滚进轮胎秋千里了？滚进去就滚进去吧，谁还不是个爱玩雪的宝宝啊！看，大熊猫在雪地里憨态可掬的模样，像不像第一次到北方上学，遇到下大雪的南方同学呀?

另一边,表情淡定的是来自南极的企鹅和来自北极的北极熊母子。它们倒是很有默契:不就是玩雪吗?这是它们基因自带的功能,不用大惊小怪的!用肚皮在冰面上滑,一头扎进雪里,这都是它们的日常操作呢!

看到前面几位或兴奋或淡定的样子,地地道道的"享受派"——雪猴(日本猴)不为所动。泡在热气腾腾的温泉里,不管气温零下十几摄氏度,它们都是一副闭目养神的样子。雪猴生活在高原的山脚,这里大半年都在下雪,泡澡不仅能御寒、养生,还能保持身体洁净。 瞧,看到围观的摄影师和游客,雪猴有话要说:"嘿,都别拍了,帮我搓个澡呗!"

长知识啦

大熊猫名字的由来

大熊猫的近代名称,最初叫猫熊或大猫熊,意思是它的脸型似猫那样圆而胖,但整个体形又像熊。20世纪50年代前,汉语的书写方式是直书,认读方式是从右到左,而改为横书后则变成从左到右。1939年,有博物馆在进行展览时,说明标题使用了横书,写的是猫熊,而当时的参观者习惯直书自右到左的认读方式,误认为是熊猫。久而久之,大家也就习惯了把猫熊叫作熊猫。

请答题

雪融化后,大熊猫通常做的第一件事是什么?

A. 拉便便　B. 撒尿　C. 蹭痒

嘉宾观点

小泽:我选A。大熊猫有领地意识,大雪把它原有的领地标记覆盖了,所以雪融化后大熊猫需要拉便便,重新标记领地。

小张:我选C。我觉得大熊猫在下雪以后要抖落身上的积雪,估计要蹭痒。

小宇:我选B。下雪之后,所有的气味都被覆盖了,大熊猫要重新标记领地,我认为它会撒尿来标记领地。

原来如此

天气回暖,融化的雪水会带走大熊猫身上留下的味道,为了方便通过气味来与同伴交流,雪化后大熊猫一般会先用撒尿的方式标记领地。

张博士的科学小课堂

大熊猫有非常特殊的通信方式,即"化学通信"。大熊猫的肛门周围有一种特殊腺体叫"肛周腺",发情的时候,利用肛周腺分泌的化学物质可以给同伴传递信息,起到了"爱情告白"的作用。我们不知道动物的语言是什么,但我们可以通过它的气味、分泌的化学物质的变化,了解它在跟同类说些什么。

正确答案是B,你答对了吗?

远古巨"龙"——科莫多巨蜥

科莫多巨蜥又被称为"科莫多龙",是世界上现存体形最大的蜥蜴。成年科莫多巨蜥体长2~3米,体重最大达165千克,一身黑褐色的鳞片让它看起来霸气十足。它的进化史可以上溯到4000多万年前,是地地道道的远古生物。

科莫多巨蜥吃一顿可以令体重暴增80%。作为变温动物,它的新陈代谢较慢,能量消耗低,因此饱餐一顿可以一两个月不再进食。

科莫多巨蜥擅长游泳和奔跑,能够连续游上几个小时,奔跑时能瞬间加速到25千米/小时。

科莫多巨蜥的"猎食计划"可谓老谋深算。捕猎时,它会埋伏在猎物的必经之路上,耐心等待时机,发动袭击。即使有锋利的牙齿,它也不会将其当作主要武器,而是更讲究策略,用精心设计的"走位"将猎物逼进死胡同。要是被猎物踹了一脚,它也

不会太在意，强健的肌肉和盔甲般的鳞片足以抵御外力的伤害。它会瞅准时机，用牙咬破猎物的皮肤，将毒液注入猎物体内，然后不紧不慢地等猎物乱了方寸。它懂得保存体力的重要性，并不会追求一时胜败。因此得手后，它便不再发动攻击，只静静等待毒素发挥作用。它的毒液会导致猎物血压降低，猎物将在战栗中慢慢死去。有时，大型猎物会挣扎、奔逃到远处才倒下。猎物死亡后，嗅觉灵敏的它会顺着气味找到猎物的尸体。它长长的、顶端分叉的舌头就像雷达，可以对空气"取样"，分辨微风中腐肉的气味。

科莫多巨蜥分布在印度尼西亚小巽(xùn)他群岛的科莫多岛、林卡岛及周边地区，以科莫多岛和林卡岛数量最多。人们曾经为了得到科莫多巨蜥坚硬、厚实的皮而将其大量捕杀，这使得科莫多巨蜥在被发现的100余年间数量急剧减少。据印度尼西亚政府统计，科莫多巨蜥现存约3000只，属该国保护动物和自然保护联盟宣布的易危物种。

科莫多巨蜥的毒液储存在哪个部位？

A. 上颌　B. 牙齿　C. 下颌

嘉宾观点

小张：我选A。如果科莫多巨蜥上颌有毒腺，毒液可以更好地往下流，更方便分布于整个口腔。

小宇：我选C。我觉得储存在上颌容易流失，储存在下颌更利于保存。

原来如此 科莫多巨蜥的毒液存储在毒腺中，毒腺隐藏于下颌的下方。

张博士的科学小课堂

科莫多巨蜥的毒液会破坏动物血液的凝血功能，使猎物失血过多而死。它们看起来体形庞大，但这个物种是非常脆弱的。印度尼西亚是一个群岛国家，有2万多座岛屿，科莫多巨蜥仅分布在科莫多岛及其周边岛屿。

正确答案是C，你猜对了吗？

主持人： 春天是一年中最美的季节，万物复苏，百花争艳。美好的季节必须有热闹的赛事与之相配。我们听说鸟类要在春天举办一场"飞鸟舞蹈大赛"，这场大赛吸引了各种漂亮的鸟儿一展风姿。来，睁大眼睛，瞧瞧去！

飞鸟舞蹈大赛

"飞鸟舞蹈大赛"是鸟类舞蹈高手展示曼妙舞姿、切磋交流舞技的绝佳平台。瞧，一批"顶级舞者"闪亮登场啦，精彩舞技让我们目不暇接！

本次大赛的种子选手——大红鹳在吃了浮游生物和藻类后，体格更加健壮。大红鹳在滤食水中生物时，需要用脚蹼不断踩踏水面，让食物翻动起来，而这些食物又能让它的羽色更加鲜亮。瞧，它身着浓艳的橘红色"舞裙"，再一次舞起西班牙弗拉明戈舞，舞姿如燃烧的烈火般热情，舞步狂野而奔放。在网络上拥有很高人气的大红鹳，果然是夺冠的热门选手啊！

看到大红鹳艳丽的"舞裙"，丹顶鹤表示，自己可不是依靠浓艳的服装"出圈"的。丹顶鹤的骨骼强度虽然是人类的七倍，但柔韧度丝毫不差，举手投足间透着优雅的气质，经典的黑白配色加上头顶的一抹鲜红，真是牢牢把握住了

丹顶鹤

两只悠闲自得的天鹅

中国人的审美需求。展翅轻舞时，它们如同寂寞嫦娥舒广袖，仙气飘飘。难怪咱中国人要称它为"仙鹤"呢。

说到舞蹈比赛，怎么能少得了天鹅呢？柴可夫斯基的《天鹅湖》就是为它们量身打造的呀。栖息于湖泊、沼泽地带的它们，在波光粼粼的大舞台上游弋，每一步都在干净利落中展示着浪漫和优雅。

快看，卫冕冠军——黑冠鹤登场了。它们头上那个金光闪闪的扇贝状刺芒骄傲地耸立着，造型简洁流畅。别以为它们只是天生丽质，后天的努力也是它们提高舞蹈家修养的关键。每当它们走过高高的草丛时，都会情不自禁地跳起舞来。

请答题

在野外，西非冠鹤会因为哪种原因在高高的草丛中"跳舞"？

A. 恐吓敌人　B. 获取食物　C. 呼唤同伴

东非冠鹤（灰冠鹤）　　　　西非冠鹤（黑冠鹤）

嘉宾观点

安安：我选A。西非冠鹤张开翅膀跳舞，显得身形很大，应该是想把敌人吓走。

小泽：我选C。据我了解，冠鹤伴侣会通过舞蹈来交流。

原来如此　冠鹤在草丛中舞蹈的真正原因是为了寻找食物。在高高的草丛中有许多小虫子和植物种子，只要冠鹤跺跺脚、伸展翅膀，它们就会被驱赶到地面上，这样冠鹤就可以饱餐一顿了。

张博士的科学小课堂

西非冠鹤又叫黑冠鹤，东非冠鹤又叫灰冠鹤，它们是非洲特有的漂亮鸟类。黑冠鹤是尼日利亚的国鸟，非洲有一个民族叫尼洛蒂克族，这个民族的舞蹈就是受到黑冠鹤的启发而创编的。

正确答案是B，你答对了吗？

主持人： 江西鄱阳湖地区有一位候鸟医生，40年来救治过6万多只候鸟，在他的身上发生过哪些有趣的故事呢？我们去了解一下！

李爷爷和他的候鸟医院

　　李春如爷爷是十里八村有名的"执拗（niù）"诗人，无论刮风下雨，他都会上山下湖，一边走一边念自己创作的田园诗。他不仅巡湖，还写观鸟记录。这不，他救治的一只小天鹅刚刚恢复健康，李爷爷就对它念叨起来："多吃点，把身体养得棒棒的，早点回到你爸妈身边！"

　　其实，李爷爷不仅是诗人，他还有另一个身份——鄱阳湖畔都昌县唯一的候鸟医生。2019年11月23日，巡护人员发现了

在湖畔游弋的小天鹅

一只受伤的小天鹅,便急忙送到李爷爷的候鸟医院。当时,这只小天鹅已经昏迷,生命体征不佳,李爷爷仔细查看,初步判断它是食物中毒。经过李爷爷5个小时的抢救,小天鹅终于脱离了危险,这只小天鹅成为李爷爷今年救治的第28只候鸟。李爷爷曾为6万多只像小天鹅这样的"小病号"治疗过,还打理它们的疗养生活。他把鸟当作自己的亲人,将生活中的大部分收入都用来筹建候鸟医院,来自家人的压力也没能阻止他筹建候鸟医院的决心,而他一干就是40年。

鄱阳湖是亚洲第一大越冬候鸟栖息地,每年在此越冬的候鸟有几十万只。因为物产丰饶,这里被人们称作"候鸟的天堂"。"飞时遮尽云和月,落时不见湖边草"的壮美图景是鄱阳湖的生动写照。执拗的李爷爷几十年如一日地呵护、歌颂着鄱阳湖上的候鸟,用行动感染了身边的人。现在,他的候鸟医院正式更名为"鄱阳湖候鸟都昌救治医院"。在当地林业部门的支持下,医院的医疗条件得到了很大改善,家人也默默帮助和支持着李爷爷的工作。

李爷爷用爱心和责任心守护着鄱阳湖畔越冬的候鸟,他是值得我们敬佩的护鸟人。

请答题

食物中毒的小天鹅在苏醒后吃什么有利于身体恢复？

A. 泡软的易消化的稻子　B. 含维生素的水草

C. 促进代谢的清水

嘉宾观点

小浩：我选 C。这道题有两个关键点，一是食物中毒，二是代谢。食物中毒后的小天鹅代谢比较慢，需要补充促进代谢的清水来加快代谢。

小玉：我选 C。苏醒后的小天鹅如果立刻吃人类提供的食物，会加重胃肠道的负担，容易引起水土不服。

（供图／视觉中国）

原来如此

李爷爷：小天鹅刚刚恢复，应该补充清水或葡萄糖，帮助身体将毒素尽快排泄掉，所以喂食清水是正确的。过段时间后，我们再给它喂粮食，补充维生素或蛋白质，最后掺入粗纤维食物，促进肠胃蠕动，便可放归野外了。

正确答案是 C，你答对了吗？

蜂蜜是怎样酿成的

春光明媚，万物复苏，百花齐放。除了人类，动物也在为新一年的生计而忙碌。花丛中最勤劳的动物是谁呢？当然是小蜜蜂。如果不是依靠蜜蜂传播花粉，人们可就吃不到香甜可口的水果了。那么，你们知道蜂蜜是怎样酿成的吗？今天，云南西双版纳勐（měng）海县哈尼族的养蜂人周海林要带我们去见识一下神奇的养蜂方式。

被蜜蜂蜇一口的滋味可不好受，所以养蜂人要常常观察蜜蜂，了解蜜蜂的喜好和习性，这样才有机会成为它们的"合作伙伴"，得到它们的馈赠。哈尼族的周海林有祖传的养蜂手艺，他对蜜蜂可谓了如指掌。

周海林养蜂不像其他人养蜂那样，将蜜蜂引回自家养。他在山林里就地取材，养野生蜜蜂。中华蜜蜂是为周海林酿蜜的主力军，它们喜欢在树洞里安家。观察到这一点，周海林养蜂的方式也"随行就市"，制作的蜂箱更是别具一格。

周海林选择约两米长的空心枯木做成蜂箱的主体，基础形状做好后，他掏空树木中的淤泥，砍去多余木枝，再切两片圆木作为蜂箱两头的盖子。两头盖好后，周海林糊上一层密闭性极佳的涂层——你绝对想不到这涂层是用什么制作的，它是牛粪，不但防水防潮，透气性还极佳。蜂箱制作好后，周海林会把它放到蜜蜂喜欢去的地方，按照蜜蜂喜欢的朝向摆放，这个位置既要有充足的日照，又要有遮挡物。最后，周海林在蜂巢的入口刷上一些蜂蜜，就可以等着蜂群前来筑巢啦！

一个月后，新的蜜蜂社群诞生了。随着时间的推移，蜂巢逐渐壮大，一个成熟的蜂巢中能容纳两万只野生蜜蜂。它们访遍山林中每一朵盛开的鲜花，分工有序，各司其职。它们的"合作伙伴"周海林也常来探望，以保证社群的健康发展。

三个月后，蜜蜂给周海林送来了惊喜——蜂蜜采收啦！周海林用新鲜的芭蕉叶做托盘，用手工制作的竹筒做容器，从六边形蜂饼里滴落的每一滴香甜的蜂蜜都是辛勤劳动的回报！金灿灿的蜂蜜见证了勤劳的蜜蜂与智慧的哈尼族人和谐相处之道。

蜜蜂加入什么物质能将花蜜转化为蜂蜜？

A. 唾液　　B. 蜂蜡　　C. 粪便

嘉宾观点

小丽：我选C。在自然界中，很多蠕虫的粪便都是可以提供给其他虫类作为食物的。

小张：我选A。我从它们采蜜的过程分析，蜜蜂飞到花朵上用口器来吸取花蜜，回到巢里再吐出来，这个过程反复经过口器，因此转化酶在唾液里效率最高。

原来如此

资深科普达人杨毅： 蜜蜂酿蜜是为了储备口粮过冬，它们的口器外表呈梭子形，里面像一把刷子，叫作"中唇舌"。蜜蜂采蜜是用中唇舌反复蘸取花蜜，将蜜吸入体内。花蜜进入口腔后经过唾液腺，唾液腺里有一种转化酶，和花蜜混合后通过食道进入蜜胃。蜜胃是蜜蜂暂时储存花蜜的器官。回到蜂巢后，蜜蜂会把花蜜吐给其他工蜂，工蜂口口相传，其他蜜蜂也会加入自己的唾液，将消化酶掺杂进花蜜中。转化到一定程度后，最后一只蜜蜂会把蜜吐到蜜巢的内壁上，流到每一个巢口的深处。蜜蜂围着巢口不断挥舞翅膀，加速蜂蜜里的水分蒸发，当水分含量降到20%以下时，蜜蜂会从体内的蜡腺分泌蜂蜡，将巢口密封，酿蜜过程就初步完成了。

正确答案是A，你答对了吗？

道具现场演示：蜜蜂用中唇舌蘸取花蜜

主持人： 最近，南通森林野生动物园里的一只蜘蛛猴有些烦恼——它想变"红"，可变"红"哪有那么容易，得有变"红"的潜质才行！下面我们就带大家去拜访一下蜘蛛猴"抱抱"。

想当动物明星的蜘蛛猴

要说我们介绍过的动物明星，"软萌"的华南虎宝宝、捣蛋鬼黑猩猩"珂伊"、优雅的大天鹅"小八"都令大家印象深刻。南通森林野生动物园一只名叫"抱抱"的蜘蛛猴知道了这些动物明星之后，情绪显得有些低落。它既没有山魈（xiāo）大哥色彩斑斓、狂放不羁的脸蛋，又没有金丝猴熠熠生辉的毛发，更没有大猩猩霸气威武又矫健挺拔的身姿，拿什么吸引大家呢？

想当动物明星，没点儿看家本领可不行。不过，蜘蛛猴其貌不扬，除胸腹部有灰白色的毛以外，其他身体部位都是黑乎乎的。再拿着放大镜找一找，你还不能说它就没有一点特色：它的四肢和尾巴长得细长，整体看上去如同长腿蜘蛛。它要想成为明星，还就得凭借这细长的四肢和强有力的尾巴！

蜘蛛猴那60~90厘米长的尾巴超过了躯干的长度，具有强大的缠绕和抓握能力。在攀爬时，它的尾尖会紧紧缠在树枝或细绳上，像挂钩似的把

自己悬吊在空中。必要的时候，蜘蛛猴还能解放双手双脚，仅靠尾巴钩住树干，在树林间荡来荡去，尾巴简直就是它的"第三只手"。

你以为它的尾巴只有钩住树枝的技能？那你可就小看它了！它的尾巴极为灵巧，还能采摘果实呢！我们将镜头拉近看，它尾巴末端有一块裸露的皮肤，上边有着清晰可见的纹路，就像人的指纹似的，能起到增大摩擦力的作用。这就是它可以在林间上下攀爬而不会掉落的秘密。怎么样，现在你是否被其貌不扬的蜘蛛猴"圈粉"了呢？

长知识啦

蜘蛛猴

🐾 蜘蛛猴生活在墨西哥以南到巴西的热带雨林中，以果实和树叶为主要食物。它们白天分成小群各自觅食，几乎整天都在树梢上跳跃，到了晚上就聚在一起睡觉。蜘蛛猴在遇到天敌时会发出狗一样的吠叫，还会不断投掷树枝和粪便，以便赶走入侵者。

🐾 日本作家村上春树曾经以蜘蛛猴为题材创作过一篇简短的故事——《夜半蜘蛛猴》。在这篇由对话组成的故事中，蜘蛛猴被描写成一个在作者深夜赶稿时冒冒失失翻窗而入、学舌捣蛋的小家伙。作家在故事中戏称蜘蛛猴为"模仿狂"，不知道他对蜘蛛猴天马行空的想象是否来自对蜘蛛猴"第三只手"的联想呢？

请判断

蜘蛛猴尾部末端裸露的皮肤是否具有调节体温的功能?

A. 是　　　B. 否

嘉宾观点

小泽：我选 B。既然蜘蛛猴的尾巴能当作手来使用，那么它的主要功能应该就是辅助攀爬，并不具备调节体温的功能。

小宇：我选 A。因为蜘蛛猴的尾巴上有一根长长的血管，在冬天能将温暖的血液输送到身体各部位，夏天能用它散热，所以它的尾巴可以调节体温。

原来如此

蜘蛛猴尾部末端裸露的皮肤其实异常敏感，表面纹路清晰可见，既可以感知物体，又可以起到增大摩擦力的作用，还能帮助它们在攀爬时保持平衡。虽然蜘蛛猴尾巴的功能十分强大，但是并不能够调节体温。

资深科普达人杨毅：通常猴子的手指都是五个，而蜘蛛猴只有四个，抓握很不方便，因此它们强有力的尾巴正好弥补了拇指缺失的功能。它们在攀爬时会用尾巴探知哪里可以抓握，尾巴上的纹路在抓东西时还能增大摩擦力。

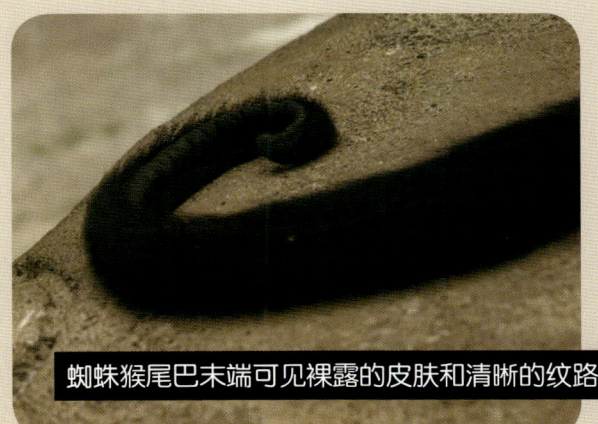

蜘蛛猴尾巴末端可见裸露的皮肤和清晰的纹路

正确答案是 B，你答对了吗？

先有鸡还是先有蛋

有一个问题，人类争执了几千年都没有结果，那就是世界上到底先有蛋，还是先有鸡？今天有几只"当事鸡"也要为这个问题争论一番。

"当然是先有蛋！没有蛋怎么孵出小鸡来？"

"怎么可能？当然是先有鸡！没有鸡谁来下蛋？"

不得了，两只威武的大公鸡争得脸红脖子粗，谁也说服不了谁，竟然打了起来，秒变"战斗鸡"。看到这个情景，鸡舍里最有学问的白羽鸡 "大明白"出来主持公道了，它不慌不忙地拿出了人类研究的生物学结论，看来平时默默看书的大明白真的很有学问。

1856 年，英国著名的博学家赫胥黎突然发现自己餐盘中的火鸡骨骼竟然与恐龙的骨骼十分相似。不久后，他就提出了"鸟是由恐龙演化而来的"惊人假说。直到 20 世纪 90 年代末期，中国古生物学家在辽宁西部发现了许多带羽毛的恐龙和原始的鸟化石，这道题才有了明确的推断。这些鸟化石展示出一类恐龙向鸟类演化的进化线，也就是说，恐龙蛋中孵出了最早的鸟类，鸟类经过不断演化，出现了各种形态的鸟，其中也包括鸡。所以，"先有鸡还是先有蛋"这个千古之谜也就解开了，答案是：先有蛋，后有鸡。

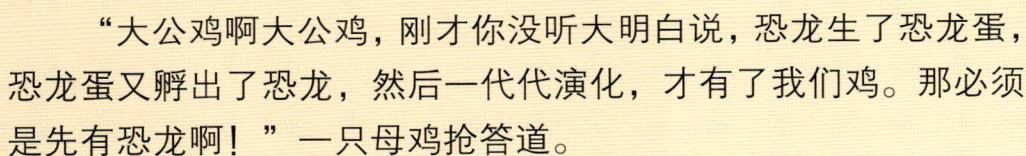

"大明白，那是不是先有恐龙蛋，才有恐龙的呀？"一只大公鸡问道。

"大公鸡啊大公鸡，刚才你没听大明白说，恐龙生了恐龙蛋，恐龙蛋又孵出了恐龙，然后一代代演化，才有了我们鸡。那必须是先有恐龙啊！"一只母鸡抢答道。

"先有恐龙蛋，后有恐龙。"另一只大公鸡也不示弱。

见这两只大公鸡又吵了起来，大明白走过来说："当然是先有恐龙蛋才有恐龙呀。地球上只有一类生物不是从蛋起源的，你们知道它是谁吗？"

请答题

以下哪一类生物不是从"蛋"起源的?

A. 草履虫　B. 水母　C. 狗

嘉宾观点

小泽:我选C。我们把"蛋"的概念换成卵,狗在逻辑上离卵这种概念还比较远。

小宇:我选B。我没有听说过水母会生蛋的。

原来如此

资深科普达人杨毅:草履虫是单细胞生物,它是靠细胞核分裂来繁殖的。水母虽然是无性繁殖,但它是多细胞生物,仍然要依靠细胞整合来繁殖。狗的祖先出现的时候,恐龙也已经出现,它们其实是一个平行的演化过程。像很多的哺乳动物,都是从海里面出来的,慢慢地演化,慢慢地更新换代,最终分出了很多的分支,有一部分分支就是我们高等的灵长类动物,还有一类是其他的哺乳动物,如有蹄类、食肉类。

张博士的科学小课堂

这里的"蛋"指的是两细胞结合形成的胚胎。中国科学院南京地质古生物研究所的专家在贵州瓮(wèng)安生物群找到了距今6.1亿年的笼脊球化石。该化石的发现表明,类似动物胚胎的"蛋"在6.1亿年前就已出现,直到4000万年前,动物才在地球上大规模出现,这足以证明除草履虫这类单细胞生物外,其他所有动物都是从"蛋"演化而来。

(供图/文心一言)

正确答案是A,你答对了吗?

棉顶狨迁居记

海口天鹅湖动物基地有两只相貌奇特的动物，叫棉顶狨。棉顶狨又叫绒顶柽柳猴，属于灵长目狨科，常见于南美洲哥伦比亚大陆，属于世界濒危物种。它们长得很有特点：一头蓬松的白色长发向后披着，在遇到危险时，白色毛发会竖起，使它们显得更加魁梧；背部呈灰棕色，尾部呈橘棕色，腹部和四肢呈白色。如此分明的色彩搭配和另类的造型，绝对是动物基地的"大明星"。刚开始，动物基地的饲养员把棉顶狨和长尾猴安置在一个笼舍里，棉顶狨看上去只有长尾猴的一半大小，调皮的长尾猴经常会骚扰棉顶狨，双方实力很不均衡。

因为棉顶狨太珍贵了，它们传宗接代的事就成了动物基地关注的头等大事。好在这一对棉顶狨不负厚望，

棉顶狨正悠闲自得地四外张望

互相产生了爱慕之心,它们乔迁新居的夙愿必须满足!

动物观察员路伦一今天的任务是当"动物调解员"。他试图像护卫一般守在棉顶狨周围,又冲着长尾猴喊话:"咱能不能乖乖地,别去欺负人家棉顶狨?"但他发现,这些招数都失败了。同住的长尾猴数量实在太多了,守护和"沟通"难度很大。既然如此,不如让这对"小夫妻"单独住进一间小屋吧。

说干就干,饲养员和小路挽起袖子,开始给棉顶狨打造"专属婚房"——小木箱。棉顶狨属于树栖动物,喜欢在较高的树冠处栖居,高处会带给它们安全感。为了照顾它们在大自然中的生活习性,饲养员和小路把小木箱架在高高的树干上,还拉起了一条供它们活动的绳梯,四周用植物做了装饰。一切就绪,"小夫妻"会不会满意呢?

小路和饲养员忐忑地将这对"小夫妻"请入新居,它们一进新居就上蹿下跳地巡视了一圈,这一举动说明,棉顶狨夫妇非常喜欢它们的新房子。小路和饲养员悬着的一颗心终于落下了。

请答题

棉顶狨更喜欢吃以下哪种味道的食物?

A. 酸　B. 苦　C. 辣

嘉宾观点

小浩：我选A。棉顶狨属于新大陆猴，生活在南美洲雨林里，雨林里酸味果实多。

小玉：我选A。野外的棉顶狨补充蛋白质的方式应该是捕食昆虫，诸如蚂蚁之类，它们都含有蚁酸。

原来如此

资深科普达人杨毅：棉顶狨下门齿非常发达，可以剥开鲜嫩的树皮，树受到伤害后会分泌树胶，一些树分泌的树胶是酸性的，棉顶狨在野外会食用这些树胶。动物园也会给它们提供人造的树胶作为食物。棉顶狨选择食物的第一原则是适口性，它喜欢并接受这个味道，才会选择。像棉顶狨这样的灵长类动物，味觉跟人类的非常相似，比较能够接受酸和甜的味道。

正确答案是A，你答对了吗?

主持人：一对生活在大连的巴布亚企鹅夫妇最近闹矛盾了，企鹅太太气得直哆嗦，企鹅先生又迟迟不回家，我们去瞧瞧它们吧！

不靠谱的企鹅先生

巴布亚企鹅眼睛上方有一道明显的白斑，走起路来憨态可掬，穿着黑色"燕尾服"如绅士一般，十分可爱。它们会在每年十二月底至来年一月间产卵孵蛋。现在又到了巴布亚企鹅孵蛋的季节，我们要介绍的这对企鹅夫妇，就是因为孵蛋产生了矛盾。

原来，企鹅太太在家辛苦孵蛋，企鹅先生却不知去向。企鹅太太只好独自承担起家里所有的工作，它不但要孵蛋，还要为填饱肚子发愁。正所谓"没有对比就没有伤害"，看着别人家夫妻互相帮助、嘘寒问暖、其乐融融的情景，再想想自家先生，企鹅太太只能长吁短叹。它列举了企鹅先生的三大罪状，请大家来为它主持公道。

一、游手好闲。别人家的丈夫寸步不离地守着妻子和孩子；它的丈夫东游西逛，根本不管妻子和孩子，孵蛋这种家庭大事也不放在心上。

二、自私冷漠。别人家的丈夫对妻子嘘寒问暖，给妻子带食物；它的丈夫只顾着自己胡吃海喝，心中哪有妻子。

巴布亚企鹅因模样憨态可掬，有如绅士一般，因而俗称"绅士企鹅"

三、不为家庭财富增长做贡献。对于巴布亚企鹅来说，卵石是财富的象征。家里的卵石储备充足，企鹅太太才有安全感。别人家的丈夫冲锋在前、锲而不舍，想方设法为家里增加财富。它的丈夫未战先怯、畏首畏尾。企鹅太太让它储备卵石，它就用家里已有的卵石或冰块来糊弄。关键的是，你批评它，它还不以为意。这不，它又开始抠脚丫了！

正所谓清官难断家务事。企鹅先生听到企鹅太太这样评价自己，也有话要说："我不在家守着你们，是去游泳锻炼体能了，只有锻炼好身体，才能更好地保护你和孩子啊；隔壁企鹅大哥家的卵石，我偷偷拿走也不合适啊，我这叫以礼待人嘛……"

嘿，它还狡辩上了！看到这样的企鹅先生，企鹅太太真是气不打一处来，要不是因为孵蛋不能离窝，只怕企鹅太太早就追上去教训丈夫一顿了。

请判断

雄性巴布亚企鹅不会帮雌性巴布亚企鹅孵蛋。

　　　A. 真的　B. 假的

嘉宾观点

小丽：我认为是假的。企鹅是一种比较重感情的动物，雄性企鹅应该会帮忙孵蛋。

小泽：我认为是假的。在我的印象中，企鹅夫妻是轮流孵蛋的，因为它们的生存环境很恶劣，只有团队合作才能保证后代繁衍。

雌性巴布亚企鹅正在孵蛋

原来如此

我们在文中介绍了一位"不靠谱"的企鹅先生，其实，在日常生活中，企鹅先生还是会尽做丈夫的责任的。企鹅太太出门寻找食物时，企鹅先生会担起孵蛋的重任。虽然它看上去有一点"不上心"，但是爱护妻子和孩子始终是雄性企鹅摆在第一位的事。

资深科普达人杨毅：巴布亚企鹅是一夫一妻制。在雌性产卵前，它们会筑一个巢，这个巢用卵石铺就。雌企鹅每次产1~2枚卵，由雌雄共同孵化。

正确答案是B，你答对了吗？

大熊猫"发发"的奇怪举动

在沈阳森林动物园里,饲养员薛飞和大熊猫"发发"是一对好搭档。他们的关系与其说是饲养员照顾大熊猫,倒不如说是互为贴心玩伴。拔河、掷雪球这些游戏对薛飞和发发来说都属于"基本操作"。

薛飞从2017年秋天开始陪伴发发,对发发的性格了如指掌。发发胆小、恐高,上树都不会爬得太高,它似乎对地面的东西更感兴趣——竹筐、簸箕、水管等都是它喜欢的玩具。大熊猫如果喜欢玩一样东西,会直接拆卸搞破坏,而对于不喜欢的玩具,它基本看都不看一眼,直接绕道走开。了解了发发的癖好,在发发生日前夕,小薛亲手给发发制作了一件生日礼物——将水管、沙袋、竹筐组合成人形,美其名曰"功夫熊猫"。

发发收到礼物后立刻开始拆卸,"功夫熊猫"瞬间散了一地。水管做的四肢,簸箕做的斗笠,沙袋做的身体……把发发平时喜欢摆弄的东西组合在一起,让它随便玩,它能不喜欢吗!

其实,发发算得上是个"精致男孩"了。它每天要睡在漂亮的大锅造型的床上,睡前还要在上面伸伸胳膊伸伸腿,练上一会儿瑜伽。只是,有一种行为薛飞也搞不明白,发发有个习惯,就是会在竹叶上拉便便,拉完后拿起便便就往脑袋上搓。这样的怪异举动连每天悉心照顾它的薛飞都表示看不明白。他想找发发聊聊,希望它停止这样的怪异举动。

不过,在发发看来,这可是"精致男孩"的保养秘籍。你看,发发的脸比其他大熊猫要白呢。

请答题

野外的大熊猫更喜欢在哪里睡觉?

A. 草丛　B. 树上　C. 洞穴

嘉宾观点

小丽：我选C。洞穴里比较安全，而且冬天洞穴里也比较暖和。

安安：我选B。我觉得大熊猫不是穴居动物，草丛里又十分潮湿，树上会更适合。

原来如此 在野外，未成年的大熊猫喜欢睡在树上，成年大熊猫会直接在竹林的草丛里睡觉。未成年的大熊猫睡在树上是为了保证安全，成年大熊猫身体强壮，不需要睡在树上。

资深科普达人杨毅：大熊猫妈妈只有在生宝宝时才会进到洞穴。

张博士的科学小课堂

以前大熊猫倾向于上树或者躲起来，随着生态系统发生变化，大熊猫一些潜在的天敌，如虎、豹、豺、狼数量锐减，现在大熊猫在野外几乎没有天敌，它们也就不再上树躲避了。

正确答案是A，你答对了吗？

主持人： 韩愈在《祭鳄鱼文》中记载了唐朝时，鳄鱼在潮州一带活动对人类的影响。一提到鳄鱼，很多人只知道它有很多传闻，但知其然而不知其所以然。今天我们就带大家去了解一下。

关于鳄鱼的是是非非

作为曾经和恐龙一道统治过地球的古老物种，鳄鱼的每一个细胞里似乎都散发着顶级捕食者的霸气。走过漫长的岁月，它们依然存活于世，靠的难道是蛰伏不动、静待猎物？不，这仅仅是它们生活中的一面。看起来呆若木鸡的鳄鱼，在水下却尽显威猛。

你也许见到过这样的画面：一只鳄鱼潜藏在浑浊的水里，它已经掌握了猎物在岸边饮水的信息。它悄悄游近，而猎物却毫无察觉。没等猎物反应过来，它倏（shū）地跃出水面，用长满尖

牙的大嘴牢牢咬住猎物的脑袋,再来个绝招"死亡翻滚",这不仅让猎物人仰马翻,还顺势被拉进水里,成了它的盘中餐。

俗话说,树大招风。关于这位顶级捕食者,江湖上流传着很多关于它的谣言。为了让大家正确地认识鳄鱼,我们今天就来一条条说一说。

有人说,鳄鱼在陆地上的爬行速度很慢,在水下速度才会更快。其实,这话只说对了一半:鳄鱼在陆地上的爬行速度最快可达12千米/小时,但持久性不强。发现猎物时,它们会先慢慢靠近,再利用后腿和尾巴的推进力快速发起攻击。要论捕猎,它们在地面上的实力也不容小觑!

有人说,有一种叫"牙签鸟"的小动物,喜欢为鳄鱼剔牙。其实,鳄鱼的牙缝宽大无比,吃肉塞牙的可能性极低。鳄鱼的牙齿不需要依赖共生鸟类清理,它们会定期更换牙齿。牙齿坏了还要依靠其他人?不存在的!自己换掉就好了!

有人说,鳄鱼没长舌头。其实,它们是有舌头的,只不过不轻易外露。接下来,关于鳄鱼舌头的问题来了,大家开动脑筋作答吧!

请答题

鳄鱼舌头的主要作用是什么？

A.运送食物　B.清洁牙齿　C.防止呛水

嘉宾观点

小宇：我选A。我觉得鳄鱼的舌头和大多数哺乳动物一样，是通过搅拌和卷起的动作来吞咽食物的。

安安：我选C。鳄鱼总是喜欢把猎物抓进水里吃。它的舌头只有挡住气管才不会被水呛到。

原来如此　鳄鱼的舌头紧贴在下颚，不易被人发现。当它在捕食中向前猛扑时，为了防止水倒灌进嘴里，舌头会自然抵住喉咙，如果不仔细看，还以为它的嗓子眼儿是堵死的呢。

资深科普达人杨毅：鳄鱼的舌头有多种用途。吞咽食物时，舌头可以辅助运送食物；在水里为夺得猎物而"拼杀"时，舌头能防止呛水；张开大嘴晒太阳时，舌头能帮助它排除体内多余的盐分。因为这道题问的是鳄鱼舌头的主要作用，那么"防止呛水"则是它舌头最有代表性的作用。

正确答案是C，你答对了吗？

主持人： 人去做体检时，会听医生的话。可是动物听不懂人类的语言，体重还很重，该怎么检查呢？最近，一只重119.2千克的绿海龟就在人类的帮助下，做了一次体检。让我们去看看它的情况吧！

绿海龟翻身记

每年三月，气温回暖，万物复苏，广东惠东海龟国家级自然保护区的海龟也迎来了繁育季。这个保护区里生活着1000多只小海龟，成年及亚成年海龟有80多只。眼下，饲养员和志愿者要给成年海龟做体检了，这是保障海龟繁育期安全的重要手段。

全世界共有七种海龟，惠东的保护区以繁育绿海龟为主。成年绿海龟的背甲直线长度为90~120厘米，给这些体形硕大的海洋动物做体检，可不是件容易的事！这不，为了搬动绿海龟，保护区技术员李满文老师一大早就来海边晨跑、热身了。

穿好防水服后，李老师跳入一个方形水池中，要为绿海龟

"宗台"做体检。宗台的体长是1米，体重119.2千克，是个十足的"大块头"。绿海龟最长的寿命约200岁，宗台大概100来岁，算是个"中年人"。宗台几乎是保护区最大的绿海龟，为了检查它的器官是否健康，人们需要先将它翻过来，肚子朝上，再去做B超检查。

海龟跟人类不同，它们的内脏主要集中在背部，翻身做B超意味着内脏要承受很大的压力，若以龟壳作为支点并将其侧翻，宗台的骨骼极易骨折。另外，宗台的前肢力量强大，要是饲养员在抬它时一不小心被它用力一扇，人能被打得直喊痛。既要保护好海龟，又要做好体检，饲养员能完成这个任务吗？

一天，李老师偶然看到空军训练体能的一段视频，他突然有了灵感：制作一台同款"固定滚轮"装备，用来给海龟翻身。说干就干，李老师绘制了一张图纸，经过反复修正，草图终于定稿。制作阶段，他先焊接了一个能容纳海龟的铁笼子，笼子上绑有海绵纸作为缓冲，再将铁笼的两端固定在支架上。这样只要旋转笼子，海龟就实现"翻身自由"了。饲养员将宗台搬进铁笼之后，为了让它更舒适，还在它的背上垫了轮胎做缓冲。这套装备研发成功了，宗台的B超检查顺利完成！

这种技术难题，李老师和他的团队几乎每天都要面对。十多年来，李老师夫妻和他们的同事就像照顾孩子一样照顾着1000多只绿海龟。在这种无微不至地呵护下，绿海龟才得以在惠东保护区健康成长。

请答题

给海龟做 B 超主要是为了排查哪种疾病隐患？

A. 胆囊炎　B. 肾结石　C. 脂肪肝

嘉宾观点

小泽：我选 B。B 超是一种超声波，超声波在检测不同材质时才能有明显对比。结石和动物软组织是不同材质，所以我认为是排查肾结石。

小宇：我选 C。脂肪肝是生活水平提高后，营养过剩导致的，保护区的海龟生活水平肯定很高，营养丰富，所以我觉得它有得脂肪肝的隐患。

海龟内脏分布示意

肺　胃　肝　结肠　肾　心室　小肠　膀胱

资深科普达人杨毅：和人一样，海龟也会得结石一类的疾病。龟和鳖等动物得脂肪肝的概率很小，得结石的概率更大，做 B 超是为了检查海龟有无肾结石问题。从保护野生动物的角度出发，我们并不会因为动物越稀有、越珍贵，就越要给它们最好的饮食，我们应该结合它们在野外取食的喜好来定制饲养食谱。

正确答案是 B，你答对了吗？

主持人： 有这样一种生活，走到哪里都有人想拥上来和你合影，去哪儿都是专车甚至是专机，吃的食物都经过特别配制，营养美味。这么高品质的生活想体验一下吗？嘿，咱还不够格，那是国宝大熊猫的专属。

国宝"胖妞"的减肥故事

武汉动物园里的大熊猫"胖妞"正如其名，它长得胖胖的，生存哲学可能是"生命在于静养"。和胖妞住在一起的大熊猫"春俏"则十分活泼好动。看着两只性格迥异的大熊猫，饲养员姐姐担心地说："胖妞待在园区长期不运动，一些大熊猫该有的自然行为会忘光的，得想点办法帮它减肥了。"饲养员姐姐的担心是有道理的，胖妞每天除了吃就是睡，肥胖问题已经影响到它的健康了。不过，胖妞怎么可能配合医生和饲养员减肥呀？它真的懒得减肥！

听说减肥的秘诀叫"管住嘴、迈开腿"。饲养员姐姐灵机一动，想到一个好办法：胖妞最重视吃饭，那就在它的吃饭问题上下功夫！

又到胖妞吃饭的时间了，可是今天这顿饭吃得跟往常不太一样。饲养员姐姐先喊胖妞进屋，它本以为美味都会摆到自己面前，没料到屋里啥也没有。随后饲养员姐姐关上大熊猫进出的门，自己跑进园区，把给胖妞准备的竹子、竹笋、胡萝卜、特制窝窝头都藏了起来。轮胎秋千上、二层台阶的角落、树杈上……胖妞不费一番攀爬工夫可别想吃到新鲜美味。准备就绪后，饲养员姐姐才打开门，放胖妞出来吃饭。饲养员姐姐对自己的"作品"相当满意，这样做能够增加胖妞的运动量，对它的身心健康有好处。

胖妞在园区晃晃悠悠找了一圈，找到了竹子、竹笋和胡萝卜，却没找到最爱吃的"主食"——特制窝窝头。特制窝窝头是饲养大熊猫必备的餐食，由米粉、大米粉、黄豆粉、玉米粉、鸡蛋、白糖和盐制成。吃饭还要费这么大的劲儿，胖妞有点儿不高兴了：饲养员姐姐，能不能取消这么麻烦的吃饭方式啊？

其实，饲养员要求动物减肥，可不是闲着没事干的。动物肥胖和人类肥胖一样，可能引发很多疾病。动物往往不知道自己胖，会继续努力地吃，而园区活动范围有限，运动量不足，食物充足，肥胖问题在所难免。

肥胖容易引发许多疾病。脂肪过多不仅会在皮下堆积，还会影响血液，导致血液中的胆固醇、甘油三酯等含量增高。如果超出标准体重值，肥胖的身体就会给动物的关节带来负担，也会降低它们日常的活动意愿，这样越不运动，脂肪堆积得越多，会陷入持续变胖的恶性循环。此外，肥胖还会伴随一些并发症，如腰椎间盘突出、呼吸系统疾病等。所以，要想身体好，不论人还是动物，都要控制饮食、加强运动啊！

请答题

大熊猫吃竹子时，为何不会割伤自己的内脏？

A. 锋利的牙齿可以将竹子完全嚼碎

B. 消化道有特殊黏膜包裹碎竹子

C. 胃壁有极强的伸缩能力

嘉宾观点

安安：我选 C。吃东西要靠胃来消化，既然它能吃坚硬的竹子，那必须有一个强大的胃壁。

小浩：我选 A。大熊猫是熊科动物，它的牙齿一定很锋利，可以将竹子嚼碎。

小张：我选 B。竹子是一种纤维，长长的，如果想要靠上下牙的交替咬合将它完全磨碎，我认为是不大可能的。

张博士的科学小课堂

刚才小浩说大熊猫是熊科动物，我再补充一下，它也是食肉动物。很多人会问，为什么今天的大熊猫会吃竹子？那是因为，在大熊猫几千年到几万年的生存过程中，为了适应环境变化，它的基因发生了多次改变。由于基因的变化，导致它更适合去吃竹子。

资深科普达人杨毅：大熊猫的咬合能力非常强，古代人称它为"食铁兽"，它的消化道从食道到直肠末端，都会分泌一种黏液包裹住碎竹子，从而保护大熊猫的内脏不被竹子划伤。

正确答案是 B，你答对了吗？

主持人：2021年上半年，一群野生亚洲象的迁移引起了全世界的关注。它们就这么浩浩荡荡地出现在人们的视野中，成为备受瞩目的焦点！来吧，让我们一起去看看，它们是如何登上新闻热搜，迅速"出道"的！

"全民偶像"的"出道"

我们的故事还要从2020年3月15日说起。

那天，西双版纳的16头野生亚洲象决定离家北上，它们这一走，就是一年零三个月，总里程超过了500千米。

亚洲象群从西双版纳勐养子保护区出发，经过普洱市墨江县（其间一头小象出生）、玉溪市元江县、峨山县、红河州石屏县，再到玉溪红塔区、易门县，还进入了云南省省会城市——昆明。不少网友开玩笑地说："亚洲象群长途跋涉来昆明，不会是来参加联合国生物多样性大会的吧？"

"一路向北"期间，它们有了很多奇妙经历，而作为"全民偶像"，它们不管干什么都能成为新闻热点。看，小象正在泥

（供图／云南省消防总队）

塘里玩"花样游泳",就像小时候家长不允许却非要玩泥巴的我们;看,两头小象在沙场"斗武",引发全国上亿网友用弹幕形式在线评论:"第一次看到用鼻子打架。""大象妈妈呢?快把它们拉开!"看,大象一家子在丛林里集体"躺平",齐齐整整睡大觉,一头小象还非得爬到象妈妈脑袋上躺着,有趣地诠释了什么叫"蹬鼻子上脸"……"北移象群"与人们的生活有了前所未有的交集,而一群"追象人"也一路跟随,用心守护,这才保证了人类和象群的安全,让大家在"追剧"的同时,与亚洲象和谐共处。

"北移象群"家族阔步北上,一路上边玩边逛,旅途中还发生了成员变动,既有新成员加入,也有老成员离群。它们的一举一动,都牵动着人们的心。象群破天荒地进了城,还打破了云南野生亚洲象到过的最北地区(普洱市墨江县)的纪录。然而,它们还是没有停下脚步,继续往北,

直至到达昆明市晋宁区,才有了往回走的迹象。接下来,我们的问题就和亚洲象到过的最北区域有关。

请答题

历史上,亚洲象到过的最北的地方是哪里?

嘉宾观点

小宇:我曾经看过一则新闻报道,上面说大象去过黄河流域,这是我知道的最北的地方。

小丽:我是浙江象山人。我们那儿有一个传说,因为有几头白象来到了那里,所以就有了象山。我认为亚洲象到过最北的地方是浙江。

小泽:我认为是黄河流域。考古发现,在商周时期,河南曾出现过大量象骨。在《吕氏春秋》中,就有"商人服象,为虐于东夷"的记载,意思是说,商朝的人会驯服大象来作战。这些都说明在黄河流域是有大象的。另外,在三星堆遗址、金沙遗址中都出现过大量象牙,多到以吨来计,所以古代在这些区域是有很多大象的。

张博士的科学小课堂

小泽说的是出土文物,其实很多古籍,如《尔雅》等书也明确记载了哪些地方有大象。有一个学科叫历史地理学,其中一个分支就是研究古代动物的历史变迁。有一位著名的历史地理学家叫文焕然,他通过对食物、古籍等信息的考证,认为中国的大象最早可能出现在七千年前,它们生活在今天的河北省张家口一带,也就是在北京市的西部。

北京师范大学生态学博士何长欢：很多人会问，亚洲象如今是热带动物，可历史上它居然生活在那么靠北的地方，为什么呢？我想这里可能有两个原因，一是随着气候的变化，北方逐渐干燥，变得寒冷，不适合亚洲象生存了，于是大象南移；二是因为人口，随着近现代人口的增长，人象之间为了争夺资源和地盘而多有矛盾，亚洲象只能选择退到西南地区，生存空间进一步被压缩。

国家林业和草原局亚洲象研究中心主任陈飞：此次我们做亚洲象的研究是从玉溪市元江县开始的，象的迁移引起了我们的警觉，这是近几百年有记录以来亚洲象北移最远的一次。象群迁移很可能是群体数量的增长导致栖息地不足，它们需要开发更广阔的区域作为栖息地，找寻更多食物来源。

主持人："北移象群"产生了很多经典画面，大家可能也都看过。不过，这些画面是百看不厌的。让我们一起来重温一下吧。

"北移象群"的那些经典画面

　　"北移象群"家族频频登上新闻热搜，我们也带领大家一起重温一下象群的那些经典画面。

　　画面一：象群玩泥巴。象群在云南玉溪市易门县十街乡氽母旧村找到了一处天然"浴室"，我们不禁感叹，原来跳泥坑的不仅有小猪佩奇，还有象群。蹚泥水、糊泥脸、跳泥坑……象群"解锁"了红泥浴中最欢乐的玩法！

你知道大象为什么爱玩泥巴吗？其实，玩泥巴是因为它们需要通过洗澡来为身体降温，往身上扬泥土则是大象对自己的一种保护措施。泥巴不仅能防晒，泥中所含水分还能不断蒸发，帮助大象身体降低温度，同时抵御蚊虫的袭击。

画面二：两头小象切磋"武艺"。2021年6月17日，无人机拍摄到两头小象在泥地里"打架"的画面：你用头撞我，我也用头撞你；你用后腿踢我一脚，我也用后腿踢回去；你用鼻子拍我，我也用鼻子拍你……小象打架除了动用头、脚、鼻子，还有独门绝招——跪在地上，无论怎么撞都不后退半步，这被网友称为"跪地神功"。

画面三：两头公象离群后又折返回来。这件事也引起了大家的热烈讨论。2021年4月24日，在玉溪市元江县，两头公象离群后返回普洱，在墨江县、宁洱县一带逗留。6月5日，又有一头独象离群，长期活动于村寨附近。7月7日，人们把它送回了西双版纳国家级自然保护区，使它恢复了自然生活状态。

（供图／云南省消防总队）

请答题

为什么会有象离群呢？

嘉宾观点

小宇：大象是群居动物且属于母系社会，那两头公象也许是成年后想要寻找配偶，于是就离开母亲所在的象群了。

小丽：我猜测原因是"不合"。两头公象社会经验应该会丰富一些，它们有可能发现象群走错了路，不适合它们生存，所以才又折返回来。

原来如此

北京师范大学生态学博士何长欢：大象处于母系社会，象群里最具领导才能、体形最大、最年富力强的雌性才有资格成为首领，其他雌性和首领都是亲戚关系——身份诸如外婆、姐妹、子女等。成年雄性长大后要离开群体，主要是为了防止近亲繁殖。大象怎么婚配呢？它们靠其他族群中的公象进入雌象群来繁殖后代。

张劲硕博士：那两头离群公象和雌象群很可能不是一个家族。雄象会游荡在不同雌象象群中间，寻找可能繁殖的机会。人们监测时，它们可能已经完成了繁殖任务，或者正处在探索过程中。所以我们说，动物行为学研究需要长期的观察、跟踪、记录和数据分析，才能得到准确的结论。

大家还有一种担心——既然大象吃得多，那么森林里的植被会不会被它们吃光了？其实对于云南广袤的森林资源来说，几头大象还不足以危害到森林的生态系统。另外，吃得多、拉得多，大象的粪便对生态系统构成起到了非常关键的作用：许多昆虫在粪便里产卵；昆虫是鸟类的食物来源；粪便分解后转变成有机肥，又回归土壤中。所以说，大象是森林生态系统的重建者和守护者。

主持人：同样的旅程，对于象宝宝而言就要辛苦得多了，体力和技能都是不可忽视的问题，但是你一定想不到，在这个迁移的象群里，居然配置了一个"行走的幼儿园"。

行走的幼儿园

象群北移的路上，有两头小象出生了。它们刚一出生，便加入了迁移的队伍，让很多人心疼不已。不过你知道吗？小象在出生后约十分钟就会走路了，这短短的十分钟，大象家族给予了小象殷切的期望和满满的爱。自从象宝宝出生后，象群就像自带了"移动幼儿园"。无人机拍摄到，成年大象就连睡觉时也会头部朝外，用防御的姿势把小象护在群体中间，有时甚至还为睡着的小象配备了专职驱赶蚊虫的"保育员"，真是百般宠爱啊！

不过，长途迁移之路毕竟艰难坎坷，长辈们的防护也难免有

（供图／云南省消防总队）

疏漏。这不，稍不留神，两头小象就双双摔倒在马路边的小水沟里，半天爬不出来，最后还是妈妈帮它们解了围——用长鼻子托住小象屁股，扶小象上岸。

在大家的印象中，大象的鼻子是非常灵活的，夹黄豆、红枣，通通不在话下。不过对于刚出生的小象来说，鼻子倒像是来给它们"使绊子"的。比如，小象喝水时不会用鼻子吸，而是把整个脸都埋进水里，这样往往会失去平衡，一个跟头栽进池塘里。

大象的鼻子不仅能呼吸、嗅味道，还有触觉功能。大象可以通过鼻子获取食物、饮水、攻击敌人。小象要想练就妈妈的本领，还需要进行长时间、反复的练习哟！

请答题

大象出生后多久能使用自己的鼻子?

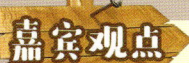

安安：我认为是两年。因为大象的鼻子上有很多块肌肉，要想灵活控制肌肉，应该需要花很长时间。

小丽：我觉得是十分钟。象的鼻子可以卷起食物，既然小象在出生后十分钟就能站立，那么学会使用鼻子也差不多是这个时间。

原来如此

北京师范大学生态学博士何长欢：小象刚出生时是不会使用鼻子的，它虽然吃奶，但是得用嘴吃，不是用鼻子吃。三个月后，小象的食谱中就要开始添加一些植物了，这时它就要学习怎么用鼻子把草卷起来。大概半岁的时候，它就学得差不多了。小象在使用鼻子时跟人一样，也分"左撇子"和"右撇子"，比如，"左撇子"小象习惯从左边卷起食物放进嘴里。象鼻的鼻尖有像小手指一样的鼻指。非洲象有两个鼻指，可以夹起小东西；而亚洲象只有一个鼻指，所以更多情况下是卷起东西送到嘴里。

国家林业和草原局亚洲象研究中心主任陈飞：大象很调皮，它会边走边用鼻子卷甘蔗，想吃的时候就吃一口。小象是象群里最需要保护的对象，而象群迁移速度的快慢也和小象有很大关系。小象会一直待在象妈妈的肚子下面或者屁股后面，不会离开太远。可能因为我们人类一直护送着它们，它们也知道有人类在保护它们，所以这段迁移之路很安全，它们的状态也就挺松弛的。

为了"人象平安"

在象群出走背后，人象如何共生也成为大家热烈探讨的话题。据云南西双版纳国家级自然保护区高级工程师沈庆仲老师介绍，云南的人象冲突问题现在存在，历史上也有。亚洲象在印度的数量最多，印度每年有1000多平方千米的良田被大象毁坏，西双版纳的情况与印度十分相似。自1988年《中华人民共和国野生动物保护法》颁布实施以后，人们才开启了相关统计工作。在2003年，大象给西双版纳老百姓带来的损失超过了3400万元人民币，但老百姓理解生态平衡的重要性，他们为保护亚洲象付出了很多。

面对大象的破坏，云南当地政府是如何处理的呢？为了保护好大象并减少象群进村次数，普洱市思茅区林草局建设了2.6平方千米、俗称"大象食堂"的亚洲象食物园。

（供图／云南省消防总队）

工作人员介绍说，"大象食堂"里种植了芭蕉、甘蔗、玉米等大象喜爱的植物，大象到这里集中取食后，就不会进入村寨了。"大象食堂"周围还有百余名村民居住，所以，林草部门在附近设置了观象塔，配备了监测员。杨忠平监测大象已有四年了，每天早上和下午，他都会在观象塔上用望远镜眺望大象的位置，再通过发微信和打电话的方式通知村民。

除建设"大象食堂"、加大对周边地区的监测外，为了保证象群活动区域内学生的安全，2019年，当地林草部门还在思茅区倚象镇纳吉小学建立了防象设施，让这里成为我国第一所拥有防象设备的小学。

此外，当地还专门开发了防象软件。使用这款软件，我们可以在线查看亚洲象的活动范围，避免在野外工作时遇到大象，还可以通过软件上发布的资料来了解亚洲象的生活习性。这些措施有效地缓解了当地的人象冲突问题。

在此次象群的监测过程中，前线指挥部提前组织疏散群众，用渣土车阻拦、引导性投食等方式柔性引导象群，帮助它们正确迁移，尽最大可能降低村民财产损失。正是因为有了这些措施和保障，我们才得以看到象群北移途中这些人象和谐共处的画面。

随着保护力度的增加，30年间，野生亚洲象种群数量由约150头增长到约300头。如今在云南，人与象的故事还在继续，而我们也会在其中学到更多人与自然的和谐相处之道。

请答题

对于"人象两安，和谐共处"，你有什么建议？

嘉宾观点

小张：我希望给大象自由。中国古人治水，认为"疏"比"堵"好。所以，只要做好疏导工作，给大象自由，"人象两安"的理想就能够实现。

小宇：我的建议是建立独立的生活区，即在固定的区域建立人的生活区和象的生活区，然后当成两个体系进行管理。

张博士的科学小课堂

小宇讲到人有人的区域，象有象的区域，实际上这是一种非常高层次的野生动物保护理念。我们保护野生动物，归根结底是希望人和野生动物和谐相处，可我们能够提供给野生动物的栖息地并不是那么理想，所以在这种情况下，就需要通过人为干预，引导大象回到我们提供给它的栖息地中。希望未来我们能够建立亚洲象国家公园，这样一来，一方面可以给大象提供优质的栖息地，另一方面也能保障当地老百姓的生命财产安全。

主持人：自 20 世纪 80 年代以来，中国近岸的海域就再没有大型鲸类活动的报道了。可是，在广西涠（wéi）洲岛，渔民们口中流传着一个关于大鱼的传说。渔民口中的"大鱼"会是鲸类吗？大家都很好奇。来，一起去广西北海涠洲岛一探究竟。

中国近海的美丽精灵

今天，我们的动物观察员路伦一乘坐快艇，和广西科学院副研究员陈默老师及其团队一起，前往涠洲岛北部湾，探寻这片海域的美丽精灵：布氏鲸。

陈老师从 2016 年开始就在涠洲岛海域走访调查，确认当地渔民所说的大鱼就是布氏鲸。经过 4 年的实地观察、数据比对及个体识别，陈老师团队统计出这片海域共有 33 头布氏鲸。在中国近海，目前能频繁有大型鲸类出现的海域，就只有涠洲岛了！

布氏鲸并不会按固定的时间和路线出现在海面。科研人员通常有两种办法寻找布氏鲸。第一，看天空。如果海面上有成群的海鸥在飞翔，那就表明它们的下方可能有布氏鲸。第二，看海面。布氏鲸在游泳、捕食时，海面会产生波纹，从远处看，波纹的形态和海面其他地方是有区别的；当海面比较平静，突然有一股气

一头正在游动的布氏鲸

流喷出时，就说明海面下可能有布氏鲸。

正说着，小艇前方的海面就出现了一些波纹，颜色和层次与周围其他海域区别明显。陈老师指给小路看："瞧，像是大型鱼类潜泳时摆动尾巴留下的。"陈老师降低船速，朝那道波纹的方向慢慢开去。没多久，离船二三十米的海面上，果然露出了一片三角鳍。天哪，真的是一头长约十二米的布氏鲸！

布氏鲸也发现了科考船，它在海面上竖起脑袋，旋转身体，就像在表演水上芭蕾一样，向人类炫耀它优雅的舞姿。它露出海面的大嘴足有三米长，当船行远后，小路仍然看到其周围有无数黑点在跳跃，这些黑点都是小鱼，而且越来越多。又过了一会儿，布氏鲸追上船，围着船徐徐游动，小路对陈老师说："它好像在说，来，我表演给你们看，我有多美丽，我多会捕食啊！"

陈老师在研究涠洲岛海域环境变化以及布氏鲸的捕食和栖息地选择之间的联系后得出结论：正是因为涠洲岛鱼类资源丰富、人类活动少、环境保持得相对较好，布氏鲸才会在这片海域生活，涠洲岛也成了中国近海大型鲸类出现较频繁的区域。

正规的观鲸活动一般都是在专业机构的带领下进行的，记得一定不要私自前往或跟着非专业渔船出海。在海上观鲸时，记得不要去干扰它们，因为不去打扰就是对野生动物最好的守护。

请答题

布氏鲸捕食时,小鱼往鲸嘴里跳的原因是什么?

A. 鲸口附近产生大量气泡,含氧量高

B. 鲸搅动海水形成回流,将鱼卷入

C. 鲸张嘴后鱼群受惊,误入嘴中

嘉宾观点

小玉:我选B。在节目中,我看到布氏鲸捕猎时,旁边还有一头鲸在帮助它,所以我猜它的同伴会帮助它把鱼儿赶进嘴里。

小浩:我选A。小鱼往布氏鲸嘴里跳,小鱼是主动的。

原来如此

广西科学院陈默:其实布氏鲸在捕食之前,已经有一个追赶小鱼的过程了,它是把这片海域的小鱼群赶到一起,然后再从水底探出脑袋,张开大嘴,等着受到惊吓的小鱼跳进自己的嘴里。布氏鲸吃鱼之前,已经完成了追赶鱼的过程。

张博士的科学小课堂

布氏鲸的下颌有一条条棱形的褶皱,它张嘴时,下面的褶皱就像手风琴一样可以拉伸,这种大网兜一样的嘴很容易兜住受惊吓的小鱼。

布氏鲸嘴里有很多鲸须,我们称之为"须鲸",它和蓝鲸、座头鲸同属一类。抹香鲸、海豚这些有牙齿的鲸,我们称之为"齿鲸"。人类发现的鲸约有100种,这些年,人类还发现了很多大型鲸。我相信,在这个美丽的蓝色星球上,还有很多奇特的生物等待着我们去探索和发现。

正确答案是C,你答对了吗?

主持人： 有时候咱们遇到点头疼脑热，会想到去看看中医，让中医把把脉、调理一下，你别说，还真管用。那么，动物要是生病了，能看中医吗？现在，就带你去看看给动物把脉的中医。

动物也能看中医

大家好，我是北京动物园的细尾獴，我和伙伴们每天吃美食、刨土坑、晒太阳，在动物园过着无比幸福的生活。咦，脚步声？不好，是兽医迈着矫健的步伐向这边走来了！要打针吃药了？话不多说，我还是抓紧逃吧！嘿，我身边的这些伙伴怎么一个个不慌不忙的？哦，大概它们看到来人是姜瑞婕大夫吧！

姜大夫是北京动物园兽医院的兽医，她擅长使用中医为动物诊病。中医讲究望、闻、问、切，但是，对人类有效的诊疗手段，

细尾獴

对动物就有些麻烦了：望——动物的舌头或生病的部位你很难看到；闻——动物身上的味道有点儿"上头"；问——人类听不懂动物的语言；切——动物怎么可能配合人类切脉呢？嘿，这不是什么都干不了吗？那还怎么看病呢？

在姜大夫的办公室里，墙上张贴着动物骨骼与穴位图，药柜里摆满了各类中药材。她正在针灸合谷穴："合谷穴位于大肠经上，遇到有人头痛时，可以进行点按……在兽医学上，合谷穴也是比较常用的穴位……"姜大夫一边对自己施针，一边感受诊疗变化——瞧，现代女性对自己可是够狠的！

自从干起兽医这一行，姜大夫发现，像瘫痪性的疾病或者神经性的疾病，西医没有较好的治疗手段，这时她就将目光转向了中医，开始深入研究起来。

动物园曾有一只环尾狐猴，就是姜大夫用中医治好的。那只环尾狐猴因为年少轻狂、上蹿下跳，一不小心就摔瘫痪了。西医治疗在它的身上并没有什么效果。

环尾狐猴

2019年9月，姜大夫开始负责对它的诊疗。通过临床诊断并结合以前给宠物治病的经验，姜大夫发现针灸治疗对环尾狐猴康复更加有效。经过治疗，不到一个月，环尾狐猴重新站立起来，又能像以前那样行走、跳跃了。

你可别以为"中兽医"就是施针加配药这么简单，其实很多康复训练都做得相当不错！看，蓑羽鹤一把年纪了，突然得了痛

小熊猫

风，瘫痪在地。姜大夫和团队成员给它组装了轮椅，再辅助中医药物治疗，不久后，它就能正常行走了，姿态如昔日一样优雅！

一只小熊猫曾经因椎间狭窄问题导致神经压迫，行动困难，走路的时候一瘸一拐的。经过艾灸治疗，小熊猫现在又可以正常行走了。

听了这么多故事，你可能会问，姜大夫的医术这么好，现在找她看病肯定得挂专家号吧，她还接急诊吗？当然接呀！这不，刚才听说两匹斑马闹起别扭，打了一架，公斑马被母斑马咬出血了，姜大夫立刻赶往马厩。四肢末端化脓性感染的公斑马，需要紧急麻醉并做清创处理。姜大夫使用了中药粉剂外敷的手段处理伤口，帮助愈合。很快，公斑马就恢复了健康。

我们的姜大夫真棒，博大精深的中医药文化真棒！

请判断

给斑马撒药后，会用纱布包扎伤口。

A. 真的　B. 假的

嘉宾观点

小张：我认为是真的。人类在处理伤口时一定要包扎。如果不包扎，药粉很快会掉下来，疗效肯定不好。

原来如此

姜大夫的药粉是针对动物特性而专门研制的，撒上药粉后不用包扎。如果为动物包扎，那么纱布很可能会被动物扯下、吃掉，还可能会造成厌氧菌感染，使病情加剧。

小丽：我认为是假的。如果已经化脓，那么再盖上纱布不是会感染吗？

张博士的科学小课堂

给动物看病真的是太难了。过去，由于西医引入中国很晚，给动物看病就是用中医的方法，简单地给它们吃些草药。现在，我们使用中西医结合的方法，可以提高治疗效果，这对动物来说是一份实实在在的福利。

正确答案是 B，你选对了吗？

"长江女神"白鱀豚

今天,动物观察员许可欣将带大家去参观被誉为"生物多样性宝库"的国家动物博物馆。在濒危动物展厅,第一个映入眼帘的是"镇馆之宝"——白鱀豚标本。白鱀豚是我国特有的淡水鲸类,数量稀少,已经在长江流域生活了2500多万年,被称为"长江女神""活化石"。目前对外开放展出的白鱀豚标本,只有国家动物博物馆里的这一件。白鱀豚在外观上看特点明显,它的身体表面非常光滑,为了保存标本,科研人员在它身上刷上了涂层。我们知道,活体动物具有重要的科学普及意义,但动物标本在生物多样性研究领域同样意义非凡。对于那些濒危甚至已经灭绝的动物,可以通过观摩国家动物博物馆里的标本来重新了解它们。

请答题

白鱀豚在水下寻找猎物,主要依靠什么?

A. 敏锐的嗅觉　B. 发达的视觉　C. 超声波定位

嘉宾观点

小玉:我选A。海洋中很多珍稀鱼类都是靠敏锐、发达的嗅觉去寻找食物的,白鱀豚应该也是这样。

张博士的科学小课堂

海洋生物的嗅觉往往都不发达,超声波定位是鲸和豚类在水下一种独特的本领。在水下,所有鲸和豚类都会依靠超声波寻找猎物。超声波遇到被探测物体时会发生反射,返回后它们就可以获得准确的信息。

正确答案是C,你答对了吗?

主持人： 在动物世界里，提到冷血动物，很多人会联想到两栖动物和爬行动物——"两爬"动物，它们似乎是冷冰冰的，有点恐怖。有一次，我在海南霸王岭触碰过睑虎，它的皮肤竟然是热的，或许，它们也有自己的生命温度。

"两爬"动物的冷血时刻

"两爬"动物是两栖动物和爬行动物的合称。首次登陆的脊椎动物是水陆两栖的；爬行动物是身披鳞甲、真正陆生的脊椎动物。

在人类的观念中，"两爬"动物都是冷血、残暴和致命的，其实这种理解有一定片面性。"两爬"动物也有可爱的一面，它们在大自然中凭借独特的技能，努力生活着……

"大家好，我是动物界赫赫有名的伪装高手——变色龙。我要给大家展示的是我的绝活——飞舌夹击。嘘——保持安静！发现目标、慢慢靠近，瞄准目标、飞舌夹击！看到了吗？在我舌尖部位，有一个肌肉组织。它一伸一缩就能轻松地捕获美食，送进嘴里。"

"大家好，我叫牛蛙。今天我让你们见识一下什么是真正的

'移动狙击'！所谓移动狙击，就是捕食对象只要敢在我眼皮子底下蹦跶，我的脑袋只需轻轻一点，就如探囊取物一样，把它卷进嘴里。"

牛蛙

"嘿，我的名字叫鬣（liè）蜥。看到我这大大的喉扇了吗？说来有点儿不好意思，当我遇到心爱的姑娘时，会用点头的动作来带动喉扇晃动，展示自己的魅力。您还别说，我搭讪成功的概率可高了！"

鬣蜥

"大家好，我的名字叫双嵴冠蜥。因为我的头部长相有点类似蛇，因此也有人叫我蛇冠蜥蜴。我现在正在练习的，就是我爷爷的爷爷传下来的独门武功秘籍——轻功水上漂。气沉丹田、双眼睁圆——飞喽！你看，我健步如飞、如履平地的样子帅不帅？练会了水上轻功，不仅可以让我吃到别的蜥蜴吃不着的美食，还能在天敌来临时，让我在水面上轻松逃脱。温馨提示：非专业人士可不要轻易模仿我呀。"

双嵴冠蜥

"我叫科莫多巨蜥。在远古时代就存活下来的我,可是当今地球上人类已知的体形最大的蜥蜴。现在又到了我狩猎的时候,让我看看今天的美味在哪里呢?嘿,一只鹿出现了!我咬——再咬——啥?你说我吹牛,没有吃到鹿,还被它踢了脑袋?别急,我的大招是致命毒液,它就储藏在我下颌下方的毒腺中。毒液会使猎物的血压降低,在战栗中渐渐失去生命。好汉不吃眼前亏,我要做的就是静静地等候,再等候……倒、倒、倒!搞定,不聊了,我吃饭去啦!"

科莫多巨蜥

"大家好!我是蟒蛇家族里的一员。我从来不挑食,看上的猎物,谁也别想逃跑。我用头顶的一对小眼睛观察四周,又用舌头感知猎物的温度。抓到猎物后,我会使出另一个绝技——死亡缠绕,将猎物挤成长条形,这样才方便送入胃中。"

请判断

蛇在吞咽时,皮肤会辅助呼吸。

A. 真的　B. 假的

嘉宾观点

小丽：我认为是假的。我发现我没办法一边吞咽一边呼吸，我觉得蛇应该和我们人类一样。

安安：我认为是真的。我发现蛇的鳞片中间是有空隙的，皮肤应该可以辅助呼吸。

小泽：我认为是假的。我刚才做了个实验：嘴被塞满的时候确实没法下咽，但是喘气不受影响。我不能为了满足果腹的欲望而断了气，所以我觉得条件不成立。

原来如此

中国科学院动物研究所动物生态与保护生物学重点实验室主任杜卫国教授：两栖动物的皮肤是湿润的，具有辅助呼吸功能；但是爬行动物是真正的陆生动物，它的皮肤是干燥的，因此不能辅助呼吸。吞咽食物的时候，蛇的喉头，也就是气管开口的地方可以前伸，这样吞咽时就不会被噎着。

有的人看到蛇吞咽会想到长管形气球：一端被紧紧捆扎后，另一端会膨胀，于是就担心它会不会被撑坏，其实这种担心完全没有必要。蛇有着可以独立活动的下颌骨。和我们人类长在头骨上、可张开30°的下颌骨不同，蛇的下颌骨通过一块可以活动的方骨和韧带连在头骨上面，它可以张开达130°。它的下颌骨还可以左右移动，上下左右都可以包容猎物，所以才能吞咽体形大的猎物。

刚才我们还看到了一种神奇的动物——变色龙。它在捕食的时候，舌尖的肌肉组织就相当于一个真空泵。这块肌肉扣在猎物身上，中间会凹陷，这样就起到了吸附效果。另外，变色龙唾液有黏性，约是人类唾液黏性的400倍，既吸又黏，对捕食很有作用。

张博士的科学小课堂

刚才安安说蛇的鳞片之间有缝隙，但是缝隙没有直接的呼吸作用。鳞片作为皮肤特殊的衍生物，结构和我们人类指甲结构（主要是角蛋白）是相似的。

正确答案是B，你答对了吗？

主持人： 在动物世界，"两爬"动物对生物多样性的贡献是巨大的！不过，它们如今也面临着巨大的生存危机。让我们通过下面的故事了解一下！

绿海龟和斑鳖的伤心往事

"两爬"动物是非常古老的动物类群，它们在数次地球大灭绝事件中幸存下来，向着各种生态系统纵深分布，但由于它们的生理特征较为独特，对生存环境的依赖性很强。

在浩瀚的海洋中，很多动物的脆弱程度超出了我们的想象。周杞楠从事水下摄影工作已有十年，此次他要去印度尼西亚海域寻找和拍摄栖息于此的绿海龟。

准备就绪，周杞楠开始了他的下潜之旅。海床上地形复杂，各类海洋生物或隐匿暗礁下，或悠然浅游。周杞楠要找的绿海龟，体形一般比较大，身披坚硬的龟甲，游速很快。可以说，绿海龟站在海洋食物链顶端，除了人类，成年绿海龟几乎没有天敌。

在自然环境下，小海龟的成活率非常低。1000只小海龟中，

只有1只能活过第一年。对于成年海龟而言,更大的危险隐匿在海洋中。

"我的潜水员朋友曾经遇到过一只误食了塑料袋的绿海龟。因为无法将塑料袋排出体外,它艰难地趴在海底,非常痛苦。幸好,同伴及时发现,向它伸出援手,帮助绿海龟拉出了身体里的塑料袋,看着它划动四肢慢慢游开,渐渐消失在我们的视野里,我们的心里别提多高兴了!"周杞楠现在回忆起这件事,内心依然无法平静。

海洋垃圾对海龟的影响是巨大的。这些垃圾大多是塑料制品,无法自然降解,被鱼、海龟或者其他海洋生物吃掉以后,会对它们产生非常大的危害。全世界共有7种海龟,然而它们时刻面临着灭绝的风险。绿海龟就像大海的晴雨表,我们只有保护好它们,它们才能成为海洋生态系统的一分子,脆弱的海洋生态系统才能得到良性发展。

像绿海龟这样的动物,人类偶尔可以帮助到它们,但是面对另一种动物,人类却束手无策,只能眼睁睁地看着它们消失。

在苏州上方山国家森林公园,曾经生活着世界上仅存的四只斑鳖中的两只。其中雄性斑鳖已经一百多岁了,另一只雌性斑鳖也有九十多岁,但它们仍然没有后代。

斑鳖体形巨大,身长将近 1 米,体重超过 50 千克。它们喜欢潜在水底。狄敏是这两只斑鳖的饲养员,她陪伴斑鳖已有十年的光阴。她的日常工作是检查水塘的水质,调取当天的监控,记录斑鳖的行为。为了让这两只斑鳖有更加健康的身体,诞下宝宝,狄敏每天都会为它们准备丰富可口、营养均衡的食物——鱼肉、鸡翅、泥鳅脊骨、虾……然而不幸的是,那只雌性斑鳖在 2019 年去世了,没有产下小斑鳖。我们不得不面对,不久的将来,斑鳖将在地球上消失,成为灭绝物种名单里的一员。

虽然人们无法直接挽回濒危"两爬"动物的生命,但是,间接地保护好"两爬"动物的生存环境,不因人为原因而让它们变得岌岌可危,伸出双手接纳它们,我们依然能够做到!让它们和我们一起,共享这个美丽的蓝色星球吧。

请判断

绿海龟在水中最长可以憋气 7 个小时。

A. 真的　B. 假的

嘉宾观点

小张:我认为是真的。我在海里潜水的时候遇到过绿海龟,跟它们待了大概两个小时。不过我把它们跟丢了,我也不知道它们有没有露出水面换气。我总体感觉是,它们在水下待的时间确实很长。

小玉:我认为是真的。我之前在书里看到过,说绿海龟有一个辅助呼吸的器官,叫"肛囊",可以帮助它呼吸,使其在水下待的时间更长。

原来如此

中国科学院动物研究所动物生态与保护生物学重点实验室主任杜卫国教授： 其实海龟除了用肺呼吸，在直肠的两侧还有一对薄囊，薄囊上布满了毛细血管。在休息的时候，海龟可以收缩肛门附近的肌肉，把海水吸进去，毛细血管里的红细胞就可以在海水中吸取氧气。通俗点说，这叫用屁股也能呼吸。另外，获取氧气跟它的活动状态也有关系。当它躺下休息时，呼吸代谢慢，消耗特别低，所以憋气7个小时完全不是问题。如果剧烈运动，例如它被渔网缠住了，一挣扎，耗氧量就高，水下停留的时间就会变短，它也有溺亡的风险。

张博士的科学小课堂

塑料制品进入水体后，会浮在水面上，海龟会把它当成水母吃掉。塑料制品堵塞在食道或肠道里，海龟很快就会死掉。海洋的污染除了塑料污染，还有污水排放、石油泄漏等。2021年2月，我国在对《国家重点保护野生动物名录》进行修订时，就把所有海龟的保护级别从二级提升到了一级。对海洋生物的保护，每个公民都是参与者。在日常生活中，大家要严格遵守垃圾分类的规定，这对生活在海洋中的海龟有着巨大的帮助作用。

主持人：作为和其他动物共同生活在地球上的人类，我们应该担负起保护它们的职责。我听说某些"两爬"动物在动物管理员的照顾下，生活得可开心了，怎么回事呢？让我们一起去看看！

"两爬"动物的贴心人

在北京野生动物园，有一位远近闻名的"动物药浴之王"——李姐。她有一系列药浴配方，经她医治过的动物，药浴后神清气爽，个个宛若新生。什么？你也心动了，想去泡一泡？那可不行，因为李姐的药浴是为"两爬"动物服务的。

李姐告诉我们，她在2016年来到爬行动物馆当饲养员，最喜欢的动物是蜥蜴和乌龟。泡澡对"两爬"动物的身体有好处，所以李姐就每周坚持让它们泡。

蟒蛇的皮肤细腻丝滑，不过一看它你就明白，蟒蛇没少受寄生虫的困扰。李姐将蟒蛇放进配置了药的紫红色液体里，还轻轻地撸了撸蟒蛇的身体，让它的皮肤和药液充分接触。你是否猜出来了？对，水中加入了高锰酸钾！它不仅能止痛止痒、防止感染，还有助于蟒蛇排出尿酸结晶（多数爬行动物将水分存储在肾脏中，水分与钙和其他有机物质结合，会形成尿酸结晶）。

"服务"完蟒蛇，下一位接受药浴的是蜥蜴。什么？您觉得皮肤有点儿痒？这也难怪，每次到了蜕皮的时候，蜥蜴皮肤的某些地方总是会出现死皮，不能完全脱落，引起皮肤炎症。

"安静，安静。"李姐一边用手舀起水，轻抚它的身体，一边对蜥蜴说。先搓肩，再搓背，搓完胳膊搓两肋……这样才能搓得干净。瞧蜥蜴那副享受的表情，你就知道它开心不开心了！

李姐给她的"宝贝们"搓背，还讲究刚柔并济。乌龟龟壳的纹路里，藏着许多废旧角质，积累多了会影响正常发育，但它们自己很难清理，全靠李姐一手精湛的洗护技艺。正着刷、反着刷，一遍遍地刷。终于，刷干净啦！看来，精湛的技术加上耐心，李姐这个远近闻名的"动物药浴之王"当之无愧啊！

"都说'两爬'动物没有感情，但你看，我给它们洗澡的时候，它们多乖、多温顺。"李姐说。

不管动物身上有多么微小的变化，饲养员都能细心地捕捉到并及时给予帮助。了解了这些，让我们为默默奉献的饲养员们点个赞吧。

说到给"两爬"动物治病，不仅只有李姐有妙招。瞧，在北京动物园两栖动物爬行馆，亚达伯拉象龟"大公"每天最喜欢做的事情，就是大快朵颐之后在花园里散步了。这天，和往常一样，饲养员送来可口的大餐——各种蔬菜和瓜果。可是，大公吃罢不像往常那样开始散步，而是趴在原地一动不动。

享受药浴的黄金蟒是缅甸蟒蛇的白化种

"你今天怎么了？看起来有点不舒服，我来帮你看一看。"饲养员一边抚摸着龟背，一边安慰大公。因为动物不会说

在花园里散步的亚达伯拉象龟

话，给它们看病，饲养员只能依靠观察。大公不舒服的表现是不想站起来，就算勉强站起来了，也是一只腿不爱着地。根据这个情况，饲养员判断：它是崴脚了。饲养员拿出活血通络的药液喷雾喷在其脚踝处，又给大公来了个按摩。不久，大公又能在花园里愉快地散步了。

请判断

亚达伯拉象龟走路时，前肢呈"外八字"。

　　　A.真的　B.假的

嘉宾观点

小张：我认为是假的。它应该是"内八字"，而不是"外八字"。

小玉：我认为是真的。亚达伯拉象龟要是把四肢伸出壳外，就应该是"外八字"的形态。

小浩：我认为是假的，题干说的是象龟，象龟是不会把四肢缩进龟壳的。

原来如此 **中国科学院动物研究所动物生态与保护生物学重点实验室主任杜卫国教授**：象龟的前肢状态和生活习性相关。因为象龟的身体很重，所以四肢强壮。关节向内弯曲时，四条腿能有力地支撑起它身体的重量，便于快速行走。所以它是典型的"内八字"。

张劲硕博士：我曾经被象龟踩过脚。当时我站在象龟边上，它向后退，脚掌就压在我的脚上。因为当时穿了凉鞋，我低头一看，这一脚踩得忒使劲了，要是它不移步，我根本抽不出脚。

小浩：李姐给"两爬"动物洗澡，水温有讲究吗？

中国科学院动物研究所动物生态与保护生物学重点实验室主任杜卫国教授：给爬行动物洗澡，水温有讲究。爬行动物是变温动物，它的体温不能自我调节，会随着环境温度的变化而变化。很多爬行动物早上起来的第一件事就是晒太阳，先让体温升高，然后再开始一天的活动。

主持人：大家看到"两爬"动物，觉得很可爱，想把它领回家养。那么，哪些"两爬"动物可以被领养呢？

张劲硕博士：能不能养这些动物，怎么界定哪些领养是合法的，哪些不合法，我们需要遵照《国际贸易公约》附录一、二、三中的约定。近几年，我国也对《国家重点保护野生动物名录》做了调整，在这个名录中的蛇，只要你饲养了，都是违法的。从保护野生动物的长远角度看，还是不建议大家去养这些野生动物。爱它就给它自由吧！

正确答案是B，你答对了吗？

主持人： 中国古人称为"鼍（tuó）"的动物，现代人叫它扬子鳄。在自然保护区这个爬行动物生活的核心区，鼍过得又如何呢？让我们一起去看看！

扬子鳄过冬的秘密

随着生物多样性的发展，大自然中的每一个生命个体对环境的依赖程度都在逐渐上升，爬行动物也不例外。为了保护好它们和它们所处的生态系统，人们根据不同的环境，建立了不同的自然保护区。

扬子鳄作为世界上较小的鳄鱼种类，是濒临灭绝的爬行动物。安徽省扬子鳄国家级自然保护区是世界上最大的扬子鳄人工种群繁育基地，经过30多年的人工饲养和繁殖，这里扬子鳄的数量已经由建立保护区之初野外收容的212只增加到现在的15000多只，扬子鳄的物种保护取得了令人满意的效果。

养殖池内的扬子鳄

　　动物观察员路伦一跟随保护区工作人员周大哥，来到扬子鳄过冬的地方——过冬房。这里的每一个房间都被编上了号码，标记了管理员名字、管理具体内容（如卫生状况、温度、湿度、通风情况等）以及养殖数量。在一个约1.5立方米大小的池子里，七八只扬子鳄静静地趴在里面。

　　管理员周大哥介绍，马上快要到扬子鳄的苏醒期了，从每年11月入住舒适的过冬房到来年3月气温回暖，蛰伏了一个冬天的扬子鳄会被人们放入户外人工池塘。移至户外的时候，周大哥和他的同事们要跳进方池子，先捏住鳄鱼的嘴巴，再托住它的后肢，将它轻轻放进三轮车里。就这样，10000多只扬子鳄在周大哥和同事们的努力下，被一车车移至户外池塘。

　　进入池塘前，管理员需要将预先准备好的金属梯子摆好，让这些"小宝贝"可以坐上滑滑梯，溜进水里。"扑通——扑通——"一只只扬子鳄就这样被移到了户外池塘中。

请判断

室外气温接近 0℃时，扬子鳄需要被搬运到室内过冬。

A. 真的　B. 假的

嘉宾观点

小玉： 我认为是真的。扬子鳄是一种野生动物。在野外，若是没有人照顾，那它只能挖一个洞，给自己建一个"温室"来过冬。

安安： 我认为是假的。给自己建洞？我觉得大可不必，因为它可以待在水底。

小泽： 我认为是真的。因为冬季外面太冷了，又结了冰，扬子鳄会变得行动迟缓，万一遇到危险，它来不及做出反应。

刚出壳的扬子鳄

小张： 我认为是真的。我特别注意观察了一下，大部分扬子鳄都因为寒冷被转移到了过冬房里，在户外的扬子鳄的确会在池子里挖洞，不过这道题的关键是，接近多少摄氏度才会这么做？我拿捏不准，所以我猜测是真的。

原来如此

中国科学院动物研究所动物生态与保护生物学重点实验室主任杜卫国教授： 在每年11月，环境温度降低到10℃时，扬子鳄便会开始挖洞。洞建好后，它不吃不喝也不动，进入冬眠的状态。一直到第二年春天，温度升高后，它才会苏醒。扬子鳄的活动能力的确和环境温度密切相关。

张劲硕博士： 一些哺乳动物的冬眠不是深度冬眠。比如山洞里的蝙蝠，你进入洞穴，发出声音，打出光线，它就能够意识到。虽然此时蝙蝠不能立刻飞起来，但是它的身体会开始微微颤抖。爬行动物和哺乳动物是不一样的。爬行动物，比如蛇，你把它抓在手上，它很难醒。也就是说，只要温度一直很低，它就一直不会醒。

主持人： 我还想请教两位老师一个问题，在野外遇到蛇时，我们应该怎么做？

中国科学院动物研究所动物生态与保护生物学重点实验室主任杜卫国教授： 首先做好防护。在野外时，建议最好戴上手套，穿长衣、长裤，将袖口和裤脚扎紧。其次是在合理时段出行。夏天气候闷热，蛇容易出动，需要尽量避免在这个时候去野外草丛行走。最后是保持镇静。真的遇到蛇，你也别惊慌失措、掉头就跑，因为你一动，周围草木也会颤动，这些细微的变化，蛇都能够感受到。那该怎么办呢？你可以慢慢向后退，还可以扔一个东西去吸引它的注意，再绕道走开。一般来讲，蛇不会主动攻击人类，但是万一被蛇咬了，你就需要记住蛇的相貌特点，了解这是什么蛇；来得及的，给蛇拍一张照片。因为蛇毒有不同的种类，人们因此研发了不同的抗蛇毒血清。只要掌握了准确信息，就可以对症下药。

　　判断是不是毒蛇也有一些标准。例如，如果蛇的颜色特别鲜艳，很可能是毒蛇；如果头部的形状是三角形的，十有八九也是毒蛇；如果尾巴很短，身形从头至尾，突然变小，也可以推测是毒蛇。

张劲硕博士： 以前很多人觉得，被蛇咬了以后，在伤口旁用绑带扎紧肢体就可以防止毒液流入全身了，其实这种做法是错误的。肢体一旦被捆扎住，血液不循环了，反而会引起更大的伤害。

主持人： "两爬"动物有许多种类，它们有一些老家在国外，有一些老家在中国本土，它们都是谁呢？让我们一起去看看。

"两爬"动物的自白书

"大家好，我的名字叫大鲵，来自贵州省梵净山脚下，是一种非常古老的两栖动物。"

安吉小鲵

"我的名字叫安吉小鲵，我比大鲵的身材娇小很多，全世界只有中国浙江省的两个山头才有我的身影。我可是珍稀动物中的珍稀动物，宝贝中的宝贝呢！"

长肢攀蜥

"我是来自西藏墨脱县的长肢攀蜥，哟，你们的摄影机最好离我远一点，嗯，太刺眼了，影响我睡美容觉啦！"

"大家好，我和前面这位小伙伴是老乡。我叫墨脱树蜥，我有着超过体长两倍的尾巴，是一位夜行侠。"

墨脱树蜥

"我是来自海南的白斑棱皮树蛙，俗称'鸟屎蛙'。什么，你说你没见着我？你再睁大眼睛仔细看看——怎么样，终于发现我了吧！"

白斑棱皮树蛙

"我的名字叫周氏睑虎，来自海南鹦哥岭。夜晚，我经常会用舌头清洁自己的双眼，这样，我就能看得清清楚楚了。"

周氏睑虎

"我是海蛇家族中的一员，来自中国北部湾。虽然我有毒，但是我的性格十分温和，遵守'人不犯我，我不犯人'的处世原则。"

"我叫绿蠵（xī）龟，出生在沙滩上。长大以后，我会游进大海妈妈的怀抱，在那里自由自在地生活。"

"我叫罗布泊沙蜥，来自新疆的千里戈壁。我有一条灵活的尾巴，广阔的沙漠就是我的家。"

"我叫海南疣螈，生活在海南静谧的热带雨林里。我那满背的疣粒像不像盔甲上的铆钉？别看我整天在湿乎乎的泥地和水塘里穿行，我可是这里的特有物种。嘘——前方发现了我的雄性同类，待我前去和它较量一番！要说谁是这热带雨林里最强的雄性疣螈，那必须是我！"

海南疣螈

"欢迎来到广西贺州，我的名字叫鳄蜥。你可能会问，为什么把鳄鱼的'鳄'字和蜥蜴的'蜥'字拼在一起，就成了我的名字？这是因为我除有蜥蜴一样的头部外，颈部以下和鳄鱼完全相似。我可是蜥蜴中的'活化石'啊！"

"嘿，'活化石'先生，你介绍完，该轮到我啦！我是鳄蜥的邻居——无斑瘰（luǒ）螈，也生活在广西贺州的美丽山水间。我的腹部有美丽的花纹，平常喜欢在小溪中玩耍，吃水中的小生物。我的视力不太好，所以会经常饿肚子。不过，我的身体灵活度不错，一旦遇到危险，我会快速摆动尾巴，迅速逃走。"

"大家好，我住在西藏，我是蛇类中少数能适应高原高紫外线和低氧低温环境的蛇——西藏温泉蛇。不过，大家不用担心我会被寒冷的天气冻坏。我的家乡拉萨市日多乡有很多天然火山温泉，每天都咕噜咕噜地冒着热气。我觉得冷的时候，就会爬过去，依靠周围的地热取暖。"

鳄蜥

看完这么多"两爬"动物的介绍，你对它们的"高冷"印象改变了吗？"两爬"动物和我们人类一样，生存在广袤的地球家园中。我们需要对它们多一些了解、多一份保护，因为它们真的很可爱。

无斑瘰螈

请判断　西藏温泉蛇与平原地带生活的蛇相比，鼻孔更大。

　　　　　　A. 真的　　B. 假的

嘉宾观点

小泽：我认为是真的。一般海拔高的地方，空气会比较稀薄，如果蛇的鼻孔更大，就能呼吸到更多的氧气。

安安：我认为是假的。人的鼻梁高、鼻孔大，在高原上会吸入更多的冷空气，反而对自己不利。

原来如此

中国科学院动物研究所动物生态与保护生物学重点实验室主任杜卫国教授：西藏温泉蛇适应低氧环境，主要依靠的是生理途径，而不是形态特征。最新的基因组研究表明，西藏温泉蛇的基因发生了突变，血红蛋白浓度比较低，所以可以抵抗（或者说适应）低氧环境，也能抵御高强度的紫外线。所以，它不是靠扩大鼻孔宽度获取氧气适应环境的。

张劲硕博士：西藏温泉蛇是中国特有、西藏特有、生活海拔最高的一种蛇。有人可能好奇，鼻孔大，吸氧量就一定大吗？其实未必。就像刚才安安说的，大鼻孔会吸入更多的冷空气，说不定对肺还有伤害。像藏羚、野骆驼这些在高原上生活的动物，虽然鼻孔也大，但是它们有"过滤装置"，可以让吸入的冷空气升温，再进入肺部。所以说，动物的进化是一个"系统性工程"。过去人们常说，"两爬"动物（特别是两栖动物）是环境指示性物种，如果有"两爬"动物存在，就证明这里的生态系统是健康的。如果"两爬"动物不复存在，就表明出现了环境变迁，甚至会危及人类自身的发展。

正确答案是B，你答对了吗？

主持人： 我们都知道，动物的家在荒郊野外或密林深处，要想守护它们，巡护员要扎根野外，就像它们的"专属保镖"一样，和动物形影不离。接下来，我们就去认识一下他们。

野生动物巡护员的"荒野人生"

有这样一群人，他们常年穿梭于密林、草场之中，远离城市的繁华与喧嚣，奔走在守护野生动物的第一线。

在遥远的可可西里，他们穿越无人区，守护着藏羚羊的迁徙之路；在海南热带雨林里，他们攀上几十米高的大树，只为架起长臂猿的生命廊桥……在高高的树冠上，在连绵的石山林中，在我国每一个自然保护区里，都有乐于奉献的巡护员的身影。他们有着十八般武艺，用不同的方式守护在野生动物身边。

在广西崇左白头叶猴国家级自然保护区板利片区，吴世军站长守护白头叶猴已有十多年了。多年的巡护工作使吴站长练就了"千里眼"和"顺风耳"。他可以在崇山峻岭间迅速锁定猴子的准确方位。

"看，远处的山崖上有一些树在晃动，它们（白头叶猴）就在那里，刚才的鸣叫声就是猴王发出的。"吴站长指着前面的山

峰告诉我们。每日在山林里追着猴子跑成了吴站长最快乐的事，不过，他承受着跋涉的艰辛和孤独的考验，也是一般人难以想象的。

在江西省鹰潭市的龙虎山景区，也有一位耐得住寂寞的巡护员——肖冬样，他每日拿着相机拍摄中华秋沙鸭，已经积累了大量的图片素材。中华秋沙鸭是国家一级保护动物，踪迹难寻，全球数量不足5000只。老肖拍摄它们，需要耐心地等待和观察。早晨四点钟，他就从家里出发了。如果不提前来到中华秋沙鸭落脚的位置等候，老肖就摸不清它们飞来的方向。晚上，等它们飞走了，老肖才背上相机回家，这样就不会惊扰到它们了。在老肖日复一日地守护下，中华秋沙鸭每年冬季都会来到龙虎山，过着丰衣足食的生活，成为这里最稳定的越冬动物种群。

同样奉献于山林的，还有云南高黎贡山国家级自然保护区的巡护员蔡芝洪。自1998年来，老蔡便一直从事护林员工作，20多年的巡山守护，老蔡早就和长臂猿处成了朋友。老蔡知道，每次进山就意味着与外界失联，但是因为可以看到长臂猿，他有时

并不感到孤独。他最得意的是，随着朝夕相处，他已经可以深入长臂猿族群，在距离5米远的地方，用声音和它们互动了。

"我们处成了好朋友，我工作到什么时候，就守着它们到什么时候。"老蔡说到这里，一脸的自豪。作为野生动物的守护者，老蔡工作中的一项任务，就是捡拾野生动物的粪便，这是科研工作的重要样本。靠着巡护员的付出，人们才可以更好地了解动物、保护动物。

汩汩清泉畔的蛙鸣、林间的婉转鸟鸣、风吹树叶发出的沙沙声……这些来自大自然的声音总是伴随着每一位行走在野生动物保护一线的巡护员。他们与自然为伴，过着荒野人生，守护着山林里的每一个精灵。

请判断

为了配合科研人员的工作，巡护员必须捡拾新鲜的动物粪便。

A. 真的　B. 假的

嘉宾观点

小丽：我认为是假的。研究动物的科研工作者有很大一部分工作就是跟动物粪便打交道。在野外，即使粪便干了或者放置时间长了，科研工作者依然可以通过粪里的内容物来判断动物的食性或者有哪些动物来过。

小泽：我认为是假的。我以前看到书上讲过，在考古学中，很多对古物的检测，即使是数百万年以前的，科学家也能提取到有用的信息，比如对新石器时期人类骨骸的鉴定，可以发现当时人类吃的食物是什么样子的。既然过了这么久都能发现，那么当下这道题，粪便新鲜不新鲜，也就不成问题了。

小玉： 我认为是真的。以前去普氏野马繁育中心时，我曾经和工作人员一起等待着普氏野马排便，然后捡拾和取样。

动物观察团团长路伦一： 有时候，我看到巡护员将干的、湿润的动物粪便都放在自己包里，我觉得这对他们来说都有用，所以未必就非得等着新鲜的粪便。

原来如此

首都师范大学生命科学学院副教授顾垒： 我们当然没有必要去捡那些特别新鲜的粪便。任何一个时期的粪便都有它的价值。比如，当我们需要了解随着时间流逝会很快消失掉的信息时，那么动物新鲜的粪便就有一定价值。不过，这种情况在野外难以遇见，无法实现，就像小玉刚才说的，她是在养殖环境下守着普氏野马排便的。哪怕粪便成为化石，对科研工作者而言都是有用的。

张劲硕博士： 巡护员对野生动物的生存状态以及山林里的一草一木都倾注了情感。虽然他们不一定能把所有生物的名称或拉丁文学名说准确，但是他们基本做到了可以识别植物，甚至了解它的药用功效，当然，动物就更不用说了。科研人员去野外做调查研究，都会约请巡护员引领，他会告诉你这种动物在哪里可以找到，在什么时间点出现，还会提供很多第一手的数据，供科研人员研究。他们守护绿水青山，守护国家公园这一方净土，是可敬可爱的人。

正确答案是 B，你答对了吗？

主持人： 有这样一群人，他们同样离小动物很近，却不用跋山涉水与之相会，他们就是动物园里的饲养员。在动物刚出生的时候，他们会充当"奶爸""奶妈"的角色。他们的故事很精彩，我们一起去看看吧！

动物园里的"奶爸""奶妈"

在动物园，饲养员和他们亲密无间的动物朋友朝夕相处，饲养员时常戏称自己是"铲屎官"。其实，他们日常的工作当然不止于此，每当有动物宝宝诞生时，他们又会化身为"奶爸""奶妈"，扛起保护动物宝宝的职责。这里的动物宝宝，一般是被动物妈妈弃养的，所以饲养员接受这项任务后，要付出百倍的精力去照顾它们。

大熊猫饲养员是很多人羡慕的职业，你觉得他们的日常工作就是"撸"大熊猫吗？来，我们去探访一下！

李姐是中国大熊猫保护研究中心神树坪基地的大熊猫饲

养员。她每天的工作，就是管理调皮的大熊猫宝宝，当它们的"奶妈"。

"我们基地的大熊猫宝宝一般分成三个班——大班、中班和小班。我们根据它们所吃食物的硬度和年龄段，对它们进行分班。"李姐说。她现在是当之无愧的"大熊猫幼儿园"的"班主任"，她一声令下："开饭啦——"大熊猫宝宝便动作迅速地从高坡上冲下来，围到"班主任"身边，有的还干脆来了个拥抱——"熊"式抱大腿！这下李姐可尴尬了："嘿，你别抱着我不放啊，我还要工作呢！"

其实，面对这些性格迥异的大熊猫，李姐有自己的法宝。你看，她为这些大熊猫宝宝配置了营养早餐——不可抗拒的"盆盆奶"。当奶被盛在不锈钢小盆子里，分开放置在草地上时，原本活泼好动的大熊猫宝宝立刻安静下来。没有什么东西比李姐调配的奶更美味啦！

不对，怎么少了一只？抬头一望，李姐发现了端倪：这位开小差的"同学"竟然在早餐时间爬到树上，抱着树干呼呼大睡。"当当当——"李姐用手轻轻叩击不锈钢小盆子，呼唤它下来吃饭。"做得好，我们不着急，慢慢爬下来，你太厉害啦！"她一

边看着大熊猫爬下树，一边还不忘鼓励它。

喝完美味的"盆盆奶"，还得来点儿新鲜多汁的竹笋。刚才是一"熊"一份，现在发竹笋，这场面就混乱了。"别抢别抢，大家都有！还没发完哪！"你瞧这顿早餐，可把李姐忙坏了！好在局面很快就稳定下来，看着大熊猫宝宝一个个悠闲地躺在草地上享用起大餐，李姐也笑了。中午，大熊猫宝宝进入午休状态，忙活一上午的李姐终于有了片刻休息时间。

动物园的另一侧，"奶爸"饲养员沈伟在制作"育儿袋"。猜猜看，他在为谁忙碌呢？没错，就是小袋鼠！这只刚出生没多久的小袋鼠失去了妈妈。现在，它已经有四个多月大了。"奶爸"设计的育儿袋是用一张毛毯缝制而成，可以挂在胸前，把小袋鼠兜起来。"来，快钻进来！"沈伟招呼着小袋鼠。看到袋子的小袋鼠没有丝毫犹豫，一头扎进了这个袋子，嘿，真是天性使然啊！

一般来说，小袋鼠要在妈妈的育儿袋中生活七个多月再出袋。多亏了"奶爸"体贴周到的设计，让这只小袋鼠可以没有遗憾地快乐成长。

同样有爱的还有"奶爸"王烁。他照顾的是一只小黑猩猩。洗脸、擦屁股、喂奶、换尿布……无论"铲屎官"还是"奶爸奶妈"，只有当我们了解了动物饲养员们的日常工作才能发现，这从来都不是一个简单的工作。因为他们的坚持和用心守护，小动物才能更快乐、更健康地成长。

请判断

在动物园,饲养员给小黑猩猩喝的是配方奶。

A. 真的　B. 假的

嘉宾观点

小泽:我认为是真的。黑猩猩是灵长类动物,它跟人类孩子小时候所需要的营养应该差不多,所以喝的是配方奶。

原来如此

首都师范大学生命科学学院副教授顾垒:小黑猩猩肯定是喂配方奶的。不管是羊奶还是牛奶,都不能提供另外一种动物幼崽所需的全部营养。

张劲硕博士: 我们的节目曾经报道过一只小黑豹吮吸狗妈妈的奶,虽然有点"跨科"(一个是猫科,一个是犬科),但这也是一种办法。动物的奶中有很多营养成分,如益生菌和增强免疫力的物质,这对动物幼崽而言是有利的。如果能找到代哺奶妈,对幼崽而言比喝配方奶会更好。

正确答案是 A,你答对了吗?

大快朵颐的川金丝猴

看，一群漂亮的川金丝猴正坐在树上大快朵颐，它们手里抓着果子，大口大口地咬着，一点也不讲究吃相。它们鼻孔朝天，全身长满金黄色的毛，长相十分可爱。

请答题

金丝猴的朝天鼻便于（　　）。

A. 吸入氧气　　B. 寻找食物

嘉宾观点

小泽：我选B。动物只要有鼻子就能吸入氧气，不需要特别长成朝天鼻。

张博士的科学小课堂

金丝猴属有五种，只有川金丝猴有"金丝"（金色的毛），但是它们都有同样的英文名，翻译过来叫仰鼻猴。金丝猴一般生活在高海拔地区，那里空气相对稀薄，仰鼻能吸入更多的氧气并且可以过滤其他气体。

正确答案是A，你答对了吗？

小小蝈蝈，本领强大

蝈蝈是一种常见的鸣虫。它们大部分通体翠绿，触须细长，面阔口方，看起来十分威武。蝈蝈在鸣叫时能发出金属摩擦的声音，洪亮而有质感，深受鸣虫爱好者的欢迎。它们不挑食，主要捕食昆虫，甚至能捕食一些害虫。没想到小小的蝈蝈本领还挺大的。

请判断

只有雄性蝈蝈才能发出鸣叫。

A. 真的　B. 假的

嘉宾观点

小玉：我认为是真的。雄性蝈蝈在求偶期间会摩擦自己的翅膀，从而引起雌性蝈蝈的关注，所以只有雄性蝈蝈才能发出鸣叫。

张博士的科学小课堂

蝈蝈靠中胸背板摩擦发出声音，和翅膀没有什么关系。雄性蝈蝈发出的声音是一种求偶时炫耀的声音，雌性蝈蝈不会发出声音。

正确答案是 A，你答对了吗？